뻔하지만 뻔하지 않은 과학 지식 101

101 PROBLEMS FOR THE ARMCHAIR SCIENTIST

뻔하지만 뻔하지 않은

조엘 레비 지음 · 고호관 옮김

과학 지식 101

동아엠앤비

❀ CONTENTS

INTRODUCTION

"지혜는 온갖 경험에서 나온다.
새와 짐승뿐만 아니라
진실과 거짓인 실험 모두에서까지도."

윌리엄 랭글랜드의 '농부 피어스'
(테렌스 틸러 번역, 1981) 중에서

오늘날의 과학은 우리와는 동떨어져 있고 이해하기 어려운 것 투성이다. 그러면서도 은밀한 비법처럼 보이기도 한다. 알 수 없는 용어, 복잡한 수학, 더욱 복잡한 기술로 가득차 있어서 일반인은 접근하기 힘들고 학자들만이 다루는 학문처럼 느껴진다. 국제 공동 연구만 봐도 굉장히 전문화되었다는 것을 알 수 있다.

아이작 뉴턴(1642~1727)은 자신의 걸작인 〈프린키피아〉가 난해하다는 비판을 무시하면서 "수학도 잘 모르는 얼치기들이 꼬이지 않도록 하려고 일부러 프린키피아를 난해하게 썼다."라고 말하기도 했다.

이 책은 이런 얼치기들을 위한 책이다. 아니, 얼치기들이 꼬이는 것을 환영한다. "왜 그럴까?"부터 "이러면 어떨까?" 같은 감칠나는 질문까지 흔히 떠올릴 수 있는 의문이나 일상생활 속에서 생기는 문제 그리고 흥미진진한 쟁점에 누구나 쉽게 다가갈 수 있도록 했다. 과학은 상아탑이나 멀리 있는 연구소 속에 갇혀 있지 않다. 언제 어디에서든 과학을 찾을 수 있다. 사실 과학의 매력은 누구에게나 열려 있으며 민주적이라는 점이다. 뉴턴이 거들먹거리긴 했어도 그것은 과학을 활기차게 만드는 본성이었다. 실제로 과학 혁명의 산실인 영국 왕립 학회에서 내세우는 모토는 "누구의 말도 당연하게 받아들이지 말라."이다. 과학의 본질은 가설의 진위를 스스로 확인하는 데에 있다. 과학의 역사는 심오한 진실과 법칙을 밝힌 간단명료한 실험으로 가득 차 있다. 그리고 그중 상당수는 머릿속에서만 이뤄진 실험이다.

이 책을 활용하는 법

이 책에 실린 101가지 문제와 질문은 집 안 같은 개인적인 공간에서 먼 우주까지, 자연과 인간의 성질부터 우주의 근본적인 원리까지 아우르는 다섯 가지 주제로 나뉘어져 있다. 각 항목에는 그림을 곁들인 간단한 배경 이야기가 연구 기록, 흥미로운 정보, 간결한 설명과 함께 담겨 있다. 복잡한 아이디어와 근간에 깔린 원리를 보여 주기 위한 배경 이야기는 때로는 일상적이고 환상적이어서 여러분이 새로운 시각으로 바라보고, 손쉽게 비유를 이해할 수 있도록 해 준다. 또한 다른 가능성을 시험하고, 좀 더 생산적인 방식으로 질문을 재구성해 볼 수도 있다. 토론을 장려하고 사고를 이끌어 주기 때문에 의자에서 일어나지 않고도 과학적인 아이디어를 탐구할 수 있는 자유로운 놀이터가 될 것이다. 허름한 의자는 머릿속에서 사고 실험을 위한 실험실로 변모한다. 아무것도 필요하지 않다. 유일하게 필요한 도구는 바로 여러분의 상상력이다.

"상상력은 지식보다 중요하다. 지식은 한계가 있고,
상상은 온 세상을 아우른다."

알베르트 아인슈타인(1879~1955)

일상생활

"과학을 일상적으로 행하는 사람은
물리학자, 화학자, 생물학자만이 아니다.
역사학자, 탐정, 배관공 등
사실상 모든 사람이
매일같이 과학을 한다."

앨런 소칼,
『사기를 넘어서: 과학, 철학, 그리고 문화』(2008)에서

001 저절로 엉키는 줄

매일 아침, 기차가 역으로 들어서면 매트는 듣던 음악을 정지하고 조심스럽게 이어폰 줄을 감은 뒤 주머니에 살며시 넣는다. 이번에는 이어폰 줄이 엉키지 않게 하겠다고 생각한다. 그러나 일과를 마치고 집으로 돌아갈 때 이어폰을 다시 꺼내면 마치 '알렉산드로스 대왕이 칼로 잘라 버렸던 고르디우스의 매듭'처럼 이어폰 줄이 대책 없이 엉켜 있는 걸 볼 수 있다.

이어폰 줄은 왜 엉키는 걸까?
줄이 저절로 엉키고 묶이는
현상에는 어떤 물리학적 원리가
있을까? 이를 막을 방법은
없을까?

탯줄이 꼬이면?
절대로 엉켜서는 안 될 줄이 있다면 그것은 바로 탯줄이다. 탯줄이 엉켜버리면 자궁 속에 있는 아기에게 갈 혈액과 산소가 막힐 수 있기 때문이다. 다행히 탯줄이 엉키는 경우는 전체의 1% 정도로 매우 드물다. 탯줄은 두껍고, 또 좁은 공간에 들어 있어서 저절로 묶일 확률이 낮다.

끈이 더 잘 엉킬 조건

이 문제는 수백 년 전부터 수학자의 관심거리였다. 단백질 사슬을 연구하는 분자 생물학자처럼 미시 세계의 끈이나 사슬을 다루는 과학자들은 '끈 이론'이라는 수학 분야에 큰 관심을 보였다. 끈이나 사슬을 이리저리 흔들어 보자. 시간이 충분하고 끈이 특정 길이를 넘는다면 저절로 매듭이 생긴다. 일단 매듭이 생기고 나면, 끈의 끝부분이 흔들리며 빠지기 전에는 절대로 없어지지 않는다. 매듭이 생길 확률이 조금이라도 있다면, 끈이 오래 흔들릴수록 더 매듭이 생기기 쉽다.

저절로 생기는 매듭

도리안 레이머와 더글러스 스미스는 2007년에 쓴 논문 〈흔들리는 끈에서 저절로 생기는 매듭〉에서 상자 안에 제각기 길이가 다른 끈을 넣어서 흔들어 보는 실험을 다뤘다. 실험을 통해 끈이 46cm보다 길면 매듭이 생길 확률이 높아지고 150cm쯤부터는 멈춘다는 사실을 알아냈다. 또한 끈이 뻣뻣하고 상자가 작을수록 엉킬 확률이 낮아진다는 사실도 알아냈다. 스마트폰용 이어폰 줄의 길이는 보통 150cm이다. 따라서 이어폰 줄이 덜 엉키게 하고 싶다면 작은 주머니나 가방에 넣으면 된다.

"기상천외하게 끈을 묶는 법.
1) 이어폰을 주머니에 넣는다.
2) 1분 동안 기다린다."

빌 머레이(1950~)

002 서로 끌리는 시리얼

스티브는 아이들의 등교 준비를 하고 있다. 쉴 새 없이 뛰어다녀서 식탁에 앉히는 데에만 30분이 걸린다. 스티브가 아이들을 유혹하려고 말한다. "애들아. 새 시리얼을 사 왔단다. 바삭한 둥근 과자에 설탕을 묻혔지!" 아이들은 시끄럽게 소리치며 달콤한 시리얼을 먹으려고 달려든다. 스티브는 그릇에 우유를 붓고 아이들에게 숟가락을 쥐여 준 뒤 옷을 입으러 간다.

15분 뒤, 스티브는 아이들에게 신발을 신으라고 외친다. 그런데 아무런 대꾸가 없다. 아이들은 아직도 식탁에 앉아서 재미있다는 듯이 시리얼 그릇을 쳐다보고 있다. "애들아, 빨리!" 스티브가 말해도 아무도 대답하지 않는다. "뭘 보는 거니?" 스티브가 어깨 너머로 살펴본다. 큰딸은 다 먹은 시리얼을 두 개만 남겨 놓고는 그걸 건져 냈다가 서로 멀리 떨어지도록 우유 위에 다시 올려놓기를 반복하고 있다. 쳐다보는 사이 시리얼은 점점 가까워지더니 찰싹 달라붙는다.

"아빠, 봐요." 큰딸이 말한다.

"자꾸 달라붙어요.
둘이 자석인가요?"

왜 우유에 뜬
시리얼 조각은 서로
달라붙는 걸까?

물에 뜨는 물체

시리얼이 우유에 떠 있는 이유는 부력과 표면 장력의 조합 때문이다. 모든 시리얼은 높은 압력으로 반죽을 뽑아내 가볍고 거품이 많다. 이대로 구우면 구멍이 많이 난 가벼운 시리얼 조각이 된다. 이 조각은 밀도가 아주 낮아 우유 위에서 둥둥 뜨게 되는 것이다.

표면 장력

물은(우유도 대부분은 물이다.) 특이한 성질이 많다. 대부분은 물 분자 안에서 전자가 스스로 배열하는 방식과 관련이 있다. 이 때문에 물은 각 분자가 조그만 자석과 같은 성질을 가져 극성(양쪽 끝의 전하가 반대인 현상)을 띤다. 그리고 어떤 물 분자의 수소 원자와 다른 분자의 산소 원자가 서로 끌어당기는 현상을 수소 결합이라고 하는데, 각각의 물 분자는 주위에 있는 물 분자를 끌어당긴다. 하지만 표면에 있는 물 분자는 위에 물이 없으므로 아래쪽에서만 당기는 힘을 받는다. 그래서 물의 표면은 마치 피부가 있는 것처럼 원래 모양을 유지하려는 성질을 갖는다. 이것이 표면 장력이다.

계곡 아래로 모여

표면 장력은 가벼운 곤충이 연못 위를 스케이트 타듯 떠다닐 수 있게 해 준다. 시리얼 아래의 우유 표면도 얇은 고무막 위에 공을 올려놓았을 때처럼 밑으로 움푹 들어가 있다는 뜻이다. 각각의 시리얼 조각은 조그만 계곡 아래에 놓여 있는 셈이다. 이런 계곡 두 개가 가까워지면 시리얼 조각은 가운데 생기는 더 깊은 곳으로 미끄러져 내려간다. 일단 바닥에 도달하면 빠져나올 수 없으므로 시리얼 조각 두 개가 달라붙는 것이다. 근처에 있던 다른 시리얼 조각도 같은 이유로 계곡을 향해 끌려 들어온다.

003 하인 노릇을 제대로 못하는 로봇

어렸을 적 로저는 로봇이 인간의 친구나 하인으로 등장하는 SF 소설을 많이 읽었다. 하루라도 빨리 어른이 돼서 로봇 하인을 갖고 싶었다. 그런데 막상 어른이 되고 보니 로봇 하인은 아직도 없는 게 아닌가. 현재 기술로 만들 수 있는 것이라고는 굼뜨게 돌아다니며 카펫을 청소하거나 정원에서 아무렇게나 돌아다니는 커다란 아이스하키 퍽처럼 생긴 로봇 청소기뿐이다. 다른 사람이 로봇 하인을 발명하는 걸 기다리다 지친 로저는 직접 만들기로 결심한다.

6개월 동안 고생한 끝에 마침내 로저는 로봇 하인을 세상에 공개할 준비를 마친다. 전 세계에서 기자들이 시연을 보려고 모인다. 불행히도 결과가 좋지 않다. 로봇 하인은 여기저기 부딪치고, 명령을 제대로 이해하지 못하고, 아무 데나 걸려 넘어지고, 물건을 떨어뜨리고, 길을 잃어버리고, 계단을 오르지 못한다. 게다가 이런 바보 같은 시연을 시작한 지 20분밖에 지나지 않았는데 전원이 바닥나서 움직이지 않는다. 로저는 로봇 만드는 일이 아직 이르다는 사실을 인정하게 된다.

SF의 황금기였던
1940~1950년대 이후
로봇 하인은 미래 사회를
묘사할 때 빠짐없이 등장했다.
그런데 왜 아직도 로봇 하인은
없는 것일까?

로봇은 아직 멀었다

로저가 시연한 것처럼 로봇 하인이 해야 하는 일의 상당수는 아직 로봇이 제대로 해내기 힘들다. 제대로 된 로봇 하인이라면 민첩하고, 힘세고, 탄력 있고, 영리하고, 믿음직스러워야 한다. 무엇보다도 전원 코드를 꽂지 않고도 계속 돌아다닐 수 있을 정도로 배터리 용량도 커야 한다. 이런 조건의 일부를 만족하는 로봇은 지금도 있지만, 모든 조건을 만족하면서 자율적으로 움직이는 로봇은 현재 기술로 만들 수 없다. 어떤 로봇은 복잡한 장소에서 길을 찾아 움직이며 실시간으로 바뀌는 상황에 대응할 수 있다. 어떤 로봇은 계단을 오르내리고, 넘어져도 스스로 일어날 수 있다. 어떤 로봇은 물건을 부서뜨리지 않은 채로 집어 들 수 있다. 그러나 아직 실험실 밖으로 나올 정도로 발달했거나 대량 생산할 수 있을 정도로 가격이 저렴한 로봇은 없다. 가장 큰 문제는 배터리이다. 이런 로봇을 한 번에 몇 시간 이상 움직이기에는 배터리 기술이 턱없이 부족하다.

동물 로봇

소설에 나오는 로봇 하인과 가장 가까운 발명품은 아마도 보스턴 다이나믹스에서 미국 해병대의 의뢰를 받고 만든 로봇일 것이다. 바로 '빅 독(Big Dog)'이라 불리는 로봇이다. 짐 운반용 로봇으로 만든 빅 독은 무거운 짐을 싣고 다니며 "따라와."나 "그대로 있어." 같은 간단한 명령에 따를 수 있다. 울퉁불퉁한 지형에서도 걸을 수 있고, 넘어져도 스스로 일어난다. 그러나 중대한 단점이 있어 실전에서는 쓰지 못하게 됐다. 빅 독이 움직일 때 나는 모터 소리가 너무 시끄러워 적의 주의를 끈다는 점이다. 게다가 이런 값비싼 장치를 실전에 배치한다는 것은 경제적이지 못했다.

004 강력한 곤충들

루퍼트는 핵전쟁이 일어나서 인류가 멸망하면 방사능에 강한 바퀴벌레가 지구를 지배할 것이라는 흥미로운 이야기를 들었다. 여기에 더해서 생활의 지혜 같은 이야기도 하나 들었는데, 개미를 전자레인지에 넣고 돌려도 죽지 않는다는 것이다. 심심했던 루퍼트는 직접 실험을 하기로 한다. 뒤뜰에서 아무것도 모르는 불쌍한 개미 한 마리를 잡아 와 전자레인지 안에 집어넣은 뒤 1분 동안 돌린다.

루퍼트가 버튼을 누르면 전자레인지 오른쪽에 있는 마그네트론이라는 전자기파 발생 장치가 '마이크로파'를 안쪽에 발사한다. 이 전자기파는 공기나 플라스틱, 종이, 유리 같은 물질은 그대로 통과하지만 물이나 지방 분자에는 흡수된다. 물 분

옥수수 낱알은 전자레인지 안에서 몇 초 만에 펑 터지는데, 어째서 크기도 비슷한 개미는 멀쩡하게 나올 수 있는 걸까?

자가 강한 마이크로파를 흡수하면, 1초에 거의 50억 번이나 진동한다. 빠르게 진동하는 물 분자 사이의 마찰이 강한 열을 발생시킨다. 전자레인지를 발명한 퍼시 스펜서(1894~1970)가 제2차 세계 대전 때 마그네트론을 가지고 실험하다가 발견한 원리이다. 스펜서는 주머니 속에 넣어 두었던 막대 사탕이 전자기파에 노출되자 녹는 것을 발견하고는 전자기파가 지나가는 경로에 옥수수 낟알 봉지를 놓고 실험해 보았다(그 결과 전자레인지 팝콘을 처음 만든 사람이 되었다).

실제로 전자레인지가 울리고 루퍼트가 문을 열자 기대했던 대로 멀쩡한 개미가 보였다.

움직이지 않는 전자기파

개미가 멀쩡한 이유는 자유롭게 돌아다니기 때문이다. 전자레인지 안을 보면, 오른쪽에 있는 마그네트론에서 나온 전자기파가 반대쪽 벽에 부딪혀 반사된다. 어떤 곳에서는 전자기파가 증폭되어 물체를 뜨겁게 가열하지만 어떤 곳에서는 전자기파가 상쇄되어 조금도 뜨거워지지 않는다. 평범한 전자레인지에서는 이런 뜨거운 부분과 차가운 부분이 대략 7.5cm 간격으로 번갈아 나타난다. 그래서 음식을 골고루 데우기 위해 아래쪽 판을 빙글빙글 돌리는 것이다. 조그만 개미는 '차가운 부분'에 편안히 머무를 수 있으며, 만약 뜨거운 부분에 들어가면 다른 데로 움직일 수 있다.

시원한 손님

개미가 전자레인지 안에서도 멀쩡한 또 다른 이유는 작은 몸집 때문이다. 작은 몸집은 열을 식히기에 유리하다. 작은 동물일수록 부피에 대한 표면적의 비율이 높아서 열을 더 빨리 잃는다. 전자레인지 안의 공기는 뜨거워지지 않으므로 만약 개미가 전자기파를 받아서 온도가 높아진다고 해도 재빨리 주변의 공기로 열을 내보낼 수 있다.

005 냉수보다 빨리 어는 온수

1963년 탄자니아의 열세 살짜리 학생 에라스토 B. 음펨바와 같은 반 친구 아바시가 가정 수업 시간에 아이스크림을 만들고 있다. 에라스토는 설탕을 녹이려고 우유를 데운다. 조리법에는 설탕을 녹인 우유를 냉장고에 넣기 전에 식히라고 쓰여 있다. 그러나 아이스박스 안에는 공간이 부족하다. 아바시는 에라스토보다 먼저 하려고 우유 데우는 과정을 생략하고, 차가운 우유에 설탕을 타서 그대로 냉동실에 넣는다. 에라스토도 뒤처지기 싫어서 뜨거운 우유를 식히지 않고 그대로 냉동실에 넣는다.

한 시간 뒤, 에라스토는 아바시의 아이스크림은 흐물거리는 데 자신의 아이스크림은 단단하게 언 것을 보고 깜짝 놀란다. 이 놀라운 발견을 선생님께 이야기하자 선생님은 따뜻한 액체가 차가운 액체보다 빨리 얼 수는 없다고 하면서 실수가 분명하다고 한다. 에라스토는 흔들림 없이 같은 과정을 반복해서 똑같은 결과를 얻는다. 에라스토는 이 결과를 우연히 학교에 찾아온 대학 교수에게 알리고, 교수는 에라스토가 옳다는 사실을 알게 된다. 뜨거운 액체는 차가운 액체보다 빨리 언다.

도대체 어떻게 가능할까?

상식적으로 생각하면, 뜨거운 물이 차가운 물보다 어는 점까지 내려가는 데 더 오래 걸려야 한다. 그러면 차가운 물보다 뜨거운 물이 더 빨리 어는 건 어떻게 가능할까?

음펨바의 역설

차가운 액체가 뜨거운 액체보다 빨리 언다는 직관과 정반대의 결과를 보이는 이 현상은 발견자인 에라스토 B. 음펨바의 이름을 따서 '음펨바 효과' 또는 '음펨바의 역설'이라고 부른다. 이러한 사실은 더 오래전에 아리스토텔레스나 프랜시스 베이컨 같은 학자들도 관찰한 바 있다. 이 효과는 매번 일어나지는 않지만, 여러 차례 확인되었다. 처음에 음펨바와 만난 데니스 오스본 교수는 뜨거운 물에서 대류 현상(뜨거운 액체는 위로 올라가고 차가운 액체는 아래로 내려가 순환하는 현상)이 더 잘 일어나서 액체의 열을 빨리 분산시키기 때문에 더 빨리 얼 수 있다는 가설을 제시했다.

결합이 약해지며 식는다

2013년 싱가포르의 난양 기술 대학교 물리학자들은 물 분자 내부와 분자 사이의 결합과 관련된 다른 설명을 제시하였다. 물이 따뜻해지면 분자가 더 빨리 움직이고 분자 사이의 거리도 늘어난다(그래서 물이 따뜻해지면 밀도가 낮아진다). 그 결과 각 분자에서 전하를 띤 부분 사이의 정전기적 반발력이 줄어들고, 그에 따라 각 분자 내부의 결합(공유 결합)이 약해지면서 수축한다. 그러면서 에너지가 나오는데, 이 현상이 곧 식는 것과 같다. 따라서 따뜻한 물이 차가운 물보다 더 빨리 열을 잃을 수 있다.

"제 이름은 에라스토 B. 음펨바입니다.
지금부터 제 발견에 대해 말씀드리겠습니다.
그건 냉장고를 잘못 사용하는 바람에……"

에라스토 B. 음펨바(1950~)

006　갈색으로 변한 설탕

　　개스턴은 아침 식사를 준비하고 있다. 치즈를 얹어 구운 토스트와 우유 거품을
낸 커피이다. 먼저 석쇠에 빵을 굽는다. 토스트가 갈색으로 변하면서 특유의 향을 낸
다. 연한 베이지색이 짙은 갈색으로 변하자 개스턴은 빵을 뒤집고 치즈 한 장을 얹어
다시 석쇠에 굽는다. 곧 치즈가 녹더니 여기저기 갈색으로 변하기 시작한다.

　　그다음 개스턴은 짙은 갈색 원두 커피를 내린다. 커피 머신에 스팀 완드가 달려
있어서 우유 거품을 낼 수 있지만, 스팀 완드를 우유
에 너무 오래 담가 두었더니 우유도 갈색으로 변
하기 시작한다.

> 왜 음식은 너무 뜨겁게 가열하거나
> 낮은 온도에서라도
> 오래 두면 갈색으로
> 변하는 걸까? 그리고 왜 맛과
> 향도 달라지는 걸까?

갈색으로만 변하는 건 아니다

갈변 반응은 식품을 조리하는 과정에서 생기는 주요 현상으로, 음식의 겉모습과 맛,
냄새에 큰 영향을 끼친다. 보통 갈변 반응이 일어나면 갈색 음식을 얻을 수 있지만,
노랑부터 빨강, 검은색에 이르는 다양한 색깔을 낼 수도 있다.

캐러멜화

갈변 반응 중 가장 단순한 것이 설탕을 가열할 때 일어나는 캐러멜화다. 설탕 분자에서 물 분자가 빠져나오면, 설탕과 초산, 과일 향이 나는 에스테르, 견과류 향이 나는 푸란, 버터 사탕 맛이 나는 디아세틸, 갈색을 띠는 중합체의 혼합물이 남는다. 무색무취에 달콤한 맛만 내던 설탕이 맛과 향기, 색깔이 복잡하게 뒤섞인 물질로 변한 것이다. 선사 시대 사람에게 과일이 익으면서 생기는 겉모습과 향, 맛의 변화가 맛과 열량을 뜻하는 상징이었듯이 설탕의 이런 변화도 같은 매력을 가지고 있다.

마이야르 반응

캐러멜화와 더불어 식품을 갈색으로 만드는 주요 원인으로 마이야르 반응이 있다. 프랑스의 화학자 루이 마이야르(1878~1936)의 이름을 딴 현상이다. 1912년 마이야르는 식품에 충분한 열을 가하면 두 가지 필수 성분인 단백질과 탄수화물이 결합해 독특한 분자를 새로 만들어 낸다는 사실을 알아냈다. 여기에는 피롤, 피리딘, 티오펜, 옥사졸처럼 풍미를 내는 화합물이 들어 있다. 갈색은 마이야르 반응이 일어날 때 아미노산과 설탕이 서로 반응하면서 생기는 멜라노이딘에서 나온다.

"진화 과정에서 우리 조상이 불을 이용한 요리의 중요성을
알게 된 건 아마도 불이 무미건조한 식품의 맛을
풍성하게 만들어 주기 때문일 것이다."

해롤드 맥기, 식품 과학자(1951~)

007　소금 넣고 물 끓이기

　테레사의 식구들이 점심때가 되니 배가 고프다고 난리다. 테레사는 부엌에서 간단한 파스타를 준비한다. 커다란 냄비에 물을 붓고 가스레인지에 올린 뒤 화력을 최대로 높인다. 물이 많다 보니 끓는 데 걸리는 시간이 한세월이다. 냄비 바닥에 조그만 공기 방울이 생겼지만 그 뒤로는 더 끓는 것 같지가 않다. 어떻게 하면 더 빨리 끓일 수 있을까? 테레사는 고민한다. 그때, 어머니가 했던 말이 떠오른다. "파스타는 바닷물만큼이나 짠 물에서 삶아야 해." 이게 정답이다.
냄비에 소금을 한 움큼 집어넣으면 물이
더 빨리 끓겠지?

물에 소금을
넣으면 더 빨리
끓는다는 말은
수도 없이 들었다.
그런데 왜 약간의 소금이
그런 차이를 만드는 걸까?

바닷물만큼 짜게

사실 소금과 끓는 물은 일반적인 통념과는 반대이다. 소금은 물의 끓는점을 높인다. 즉, 끓는 데 시간이 더 오래 걸리게 한다는 소리다. 그러나 물이 더 높은 온도에 도달하기 때문에 끓는 물에 무엇을 넣든 더 빨리 익는다. 따라서 물에 소금을 넣으면 점심을 빨리 준비하는 데 도움이 되겠다는 테레사의 생각은 옳다. 하지만 그 효과는 미미하다. 물 1L의 끓는점을 0.5℃ 높이는 데 필요한 소금은 24g이다. 그러면 그 물은 거의 바닷물 수준으로 짜진다. 물론 테레사의 어머니가 파스타에 대해 한 말은 실제 소금의 함량보다는 맛이 그 정도여야 한다는 뜻일 것이다.

이온의 방해

소금을 넣었을 때 물의 끓는점이 높아지고 어는점이 낮아지는 것은 소금물이 수용액이기 때문이다. 물에 들어간 소금은 이온이라고 하는, 전하를 띤 입자로 나뉘어 흩어진다. 이온은 물의 원래 성질을 약하게 만들어 액체에서 기체로 변하거나(끓음) 액체에서 고체로 변할(얼음) 때 물 분자끼리 상호 작용하는 방식을 바꿔놓는다. 또, 이온은 기체로 바뀌지 않으면서 에너지를 흡수한다. 에너지를 얻어 액체에서 기체로 바뀔 수 있는 물 분자의 수가 그만큼 줄어드는 것이다. 따라서 물이 끓게 하려면 더 많은 열이 필요하다.

"땀, 눈물, 바다…… 소금물은 만병통치약이다."

이삭 디네센(본명 카렌 블릭센, 1885~1962)

008 탐욕스러운 이불 커버

더그는 집안일을 할 때마다 심오한 의문을 품는다. 사물은 왜 존재하는 것일까? 우리는 왜 존재할까? 우리집 세탁기는 왜 양말을 먹어 버리는 걸까? 그것도 꼭 한 짝 씩만……

세탁기를 생각하자 곧 해야 할 일이 떠오른다. 빨래다. 더그는 침대 위의 이불 커 버를 벗겨서 다른 옷과 함께 세탁기에 넣는다. 세탁이 끝나고 세탁물을 꺼내 보니 옷 이 모조리 이불 커버 속에 들어가 있다. 건조기에 넣었을 때도 똑같은 일이 벌어진다.

심지어 더 짜증 나는 결과 가 나온다. 건조기를 돌렸음에 도 이불 커버 속에 들어간 빨래 가 제대로 마르지 않은 것이다.

더그는 이불 커버를 뺀 나머 지 빨래를 다시 건조기에 돌려 야 한다.

세탁기나
건조기 속에서는
왜 옷이 모두
이불 커버 속으로
들어가는 걸까?

주정뱅이의 걸음

세탁기나 건조기가 돌아가는 동안 옷가지 몇 개가 이불 커버 속으로 들어갈 수 있다. 하지만 그 확률은 낮다. 오히려 이불 커버 바깥에 남아 있을 확률이 더 높지 않을까? 이 문제에 대한 해답은 랜덤 워크라는 확률 이론에서 찾을 수 있다. 랜덤 워크는 확률에 따라 움직이는 현상을 나타내는 수학 이론이다. 가장 흔한 예는 주정뱅이의 걸음이다. 술집에서 나와 길을 걷는 주정뱅이의 움직임을 생각해 보자. 비틀거리며 한 걸음씩 내딛는데, 갈 수 있는 방향은 둘 중 하나이다. 동쪽으로 갈 확률과 서쪽으로 갈 확률은 반반이다. 랜덤 워크 모형에 따르면 다음과 같은 의문을 가질 수 있다. 특정 수만큼 걸었을 때 주정뱅이가 원래 자리로 돌아올 확률은? 혹은 다른 어떤 지점에 도착할 확률은?

양말 룰렛

주정뱅이의 걸음을 건조기 안에 든 옷에 적용해 보자. 건조기가 한 바퀴 돌 때마다 양말 한 짝이 50대 50의 확률로 이불 커버 속으로 들어간다고 생각할 수 있다. 커버가 접혀서 몇 바퀴씩 회전할 수도 있는데, 그때에는 양말이 다음 회전에서 빠져나올 확률이 50%(확률로는 0.5)이지만, 반대로 더 깊숙이 들어갈 확률도 50%임을 알 수 있다. 만약 더 깊숙이 들어간다면 양말이 이불 커버에서 빠져나오기 위해서는 밖으로 나오는 움직임이 두 번 연속 일어나야 한다. 한 번 일어날 확률이 0.50이므로, 양말이 빠져나올 확률은 0.25밖에 되지 않는다. 반면, 그대로 있거나 더 깊숙이 들어갈 확률은 0.75가 된다. 건조기가 많이 회전할수록 양말이 이불 커버 안으로 들어갈 확률은 더 커진다. 다른 옷도 마찬가지이다.

거꾸로 돌면

가능성 있는 또 다른 요인은 옷이 너무 구겨지지 않도록 세탁기와 건조기가 가끔 회전 방향을 바꾼다는 점이다. 이처럼 갑작스럽게 움직임이 바뀌면 이불 커버의 입구가 넓게 열려서 다른 옷이 그 속으로 더 쉽게 들어간다.

009 부풀어 오르거나 납작하거나

메리와 폴은 제빵사이다. 메리는 근면하고 성실하고, 폴은 게으르다. 두 사람이 각각 케이크를 만들고 있다. 메리는 밀가루와 달걀, 설탕, 버터의 양을 정확히 재서 사용한다. 버터를 데우고 달걀을 잘 휘저은 뒤에 반죽에 섞는다. 밀가루도 조심스럽게 섞어 준다. 오븐은 정확한 온도로 예열하며, 케이크를 넣은 뒤에는 타이머를 맞추고 시간이 끝날 때까지 오븐을 열지 않는다.

폴은 그저 케이크만 먹으면 그만이다. 버터를 데우지도 않고 섞는다. 달걀은 충분히 휘젓지 않고 섞어 버린다. 밀가루도 세심하게 풀어 주기보다는 털어 넣듯이 섞는다. 재료의 양을 정확히 재지 않은 것은 물론이다. 폴은 오븐 온도도 제대로 확인하지 않은 채 괜찮은 냄새가 나자마자 오븐을 열었다. 폴은 자신의 케이크가 부풀어 오르지 않고 납작한 데다가 벽돌 같은 느낌이 나자 실망한다. 반면, 메리의 케이크는 높고 가벼우며 폭신하다.

만드는 과정이 끝나기 전에 제빵사가 케이크를 제대로 만들었는지 알아낼 수 있을까? 케이크가 부풀어 오를지 납작해질지를 결정하는 요인은 무엇일까?

메리는 안다

메리는 케이크가 부풀어 오르게 하는 화학 반응과 관련된 제빵의 기본 원리에 충실했기 때문에 케이크를 제대로 만들 수 있었다. 보통 케이크의 기본 뼈대를 이루는 성분은 밀가루에 들어 있는 녹말과 달걀에 들어 있는 단백질이다. 달걀 속의 단백질은 너무 빨리 단단해지면 안 되고, 녹말은 너무 빨리 물을 흡수하면 안 된다. 끈적끈적한 젤리처럼(젤라틴) 변해 버리기 때문이다. 설탕과 지방(버터)을 섞는 것은 이들이 이 과정을 방해해서 늦추기 때문이다. 반죽을 잘 섞어야 하는 핵심 이유 중 하나는 공기이다. 공기를 공급해서 끈적끈적한 반죽 안에 작은 공기 방울을 많이 만들어야 한다. 굽는 동안 공기 방울은 일정한 속도로 팽창해서 케이크가 골고루 부풀어 오르게 한다. 마지막 단계에서는 녹말이 겔로 변하고 단백질이 응고한다. 그 결과 케이크 덩어리에 수많은 구멍이 생겨 자기 자신의 무게를 지탱할 수 있는 것이다.

폴의 실수

케이크를 만드는 동안에는 여러 단계에서 실수를 할 수 있다. 폴은 달걀을 휘젓지 않고 재료를 오랫동안 섞지 않았기에 반죽 안에 공기 방울을 충분히 만들지 못했다. 또한 차갑고 단단한 버터를 사용해서 고르게 섞지도 못했고, 밀가루를 거칠게 섞으면서 밀가루 속의 글루텐 단백질이 사방으로 연결 고리를 만들게 했다. 그 결과, 굽기도 전에 반죽이 너무 단단해져서 적절히 팽창하지 못한 것이다. 게다가 오븐을 너무 뜨겁게 만든 것은 이 모든 문제를 하나로 만들었다. 공기 방울이 팽창하기도 전에 케이크가 단단해졌고, 오븐을 열었을 때 케이크 표면은 갑자기 식었다. 폴은 오븐을 열고 아마도 케이크를 두드려 봤을 것이다. 그랬다면 공기 방울이 터져서 무너져 내리게 된다.

010 제때 익히는 바나나

바나나는 플랜테인과 함께 전 세계에서 가장 많이 소비하는 과일이다. 어떤 지역에서는 일 년에 수백 킬로그램씩 먹기도 한다. 세계 평균으로 보면, 1년에 소비하는 바나나의 양은 1인당 14kg(약 120개)이다. 모든 사람이 3일에 한 개꼴로 먹는 셈이다. 리우는 주말이 되면 바나나를 먹는데, 월요일에만 과일 가게에 갈 수 있는 상황이다. 그래서 주말에 바나나가 검고 흐물거리게 변하지 않도록 하기 위해 항상 초록색 바나나만 산다. 그런데 어떨 때에는 토요일이 돼도 바나나가 여전히 초록색이고 단단하다. 냉장고에 넣어 보기도 했지만 오히려 더 빨리 검게 변할 뿐이다.

초록색 바나나를 사면
검고 흐물거리는 바나나를 먹지 않을 수 있다.
하지만 초록색 바나나는 딱딱하고
맛도 별로 없다. 어떻게 하면
잘 익게 만들 수 있을까?

에틸렌이 좌우한다

바나나는 특이하게도 나무에서 딴 뒤에도 일정 기간 싱싱함을 유지한다. 나무에서 떨어져 나온 뒤에도 계속 익을 수 있는 유일한 과일이다. 이런 다양한 효소(생물학적 촉매)의 활동은 바나나에 많이 들어 있는 녹말을 당으로 바꾼다(초록색 바나나는 녹말과 당의 비가 25:1 정도이고, 익은 바나나는 1:20 정도다). 그리고 갈변 반응을 촉진하여 껍질과 과육의 색을 바꾼다. 바나나가 익는 과정을 좌우하는 핵심 요소는 에틸렌이라는 기체이다. 에틸렌은 식물이 호르몬으로 사용하는 단순한 탄화수소이다. 식물은 상처를 입으면 에틸렌을 방출한다. 에틸렌은 상처를 입은 잎을 떨어뜨리는 식의 방어 수단으로 작용하고, 식물이 익는 과정을 제어하는 방법으로도 쓰인다. 예를 들어, 바나나에는 숙성을 억제하는 유전자가 있다. 바나나에 있는 에틸렌 수용체가 호르몬을 감지하면 이 유전자는 작용을 멈춘다. 대신 다른 여러 유전자가 활동하며 숙성을 시작하고 촉진하는 효소를 만든다. 운송 회사에서는 바나나를 운반할 때 에틸렌 없는 환경에 보관하고, 판매상은 진열대에 올리기 전에 바나나에 에틸렌을 뿌려 준다.

과일 앞잡이

때때로 과일은 익으면서 에틸렌을 방출한다. 바나나도 그렇지만, 키위보다는 덜하다. 아마도 리우에게는 에틸렌이 없을 테니, 만약 원하는 때에 잘 익은 바나나를 먹고 싶다면 바나나를 잘 익은 키위와 같은 봉지 안에 보관하면 된다.

"나쁜 사람은 바나나와 같다.
하나가 다른 모두를 부패하게 만든다."

아프리카 속담

011 기름기를 지운 마법

 겨울 축제에서 작은 곰은 구운 매머드 고기를 신나게 먹어 치웠다. 먹을 때는 좋았는데 얼굴과 손이 온통 검댕과 매머드 기름투성이이다. 할머니가 그 지저분한 얼굴을 보더니 작은 곰을 찰싹 때리며 말씀하신다. "가서 씻어라. 조금 있으면 주술사가 오시는데 그렇게 더러운 꼴을 하고 있으면 어쩌니."

 작은 곰은 냇가로 달려가 차가운 물로 손과 얼굴을 씻는다. 하지만 기름기 때문에 물은 그냥 또르르 흘러내리고 만다. 모래로 손을 문질러 봐도 별로 다르지 않다. 낙담한 작은 곰은 이글거리며 타고 있는 커다란 모닥불로 돌아가 누나에게 기름때를 벗길 수 없다고 투덜거린다. 누나가 말한다. "내가 도와줄게. 매머드 사체에 가서 기름 덩어리를 하나 잘라서 가져오렴." 작은 곰은 누나가 시키는 대로 한 뒤 누나가 어떻게 하는지 지켜본다. 누나는 기름을 그릇에 담고 기름이 녹을 때까지 달군다. 그리고 모닥불에서 나온 재와 섞는다. 그 반죽이 단단해지자 덩어리로 만들어 작은 곰의 손에 쥐여 준다. "이걸 동굴 아래에 있는 온천으로 가져가서 따뜻한 물에 씻어 봐."

 온천으로 터덜터덜 걸어간 작은 곰은 놀라고 기뻐한다. 더러워 보이는 덩어리가 이상하게 미끈거리는데, 살갗에 묻은 기름기를 마법처럼 지워 깨끗하게 해 줬기 때문이다. 말끔한 모습이 된 작은 곰은 거주지로 돌아가 누나에게 묻는다. "이 마법의 도구를 뭐라고 불러?" "비누라고 부르지. 그런데 그게 어떻게 기름기를 없애는지 알고 싶다면 1만 년 뒤에 과학이란 게 나타나면 다시 와서 물어보렴."

"아기에게 비누란 영혼에게 웃음과 같다."

이디시 속담

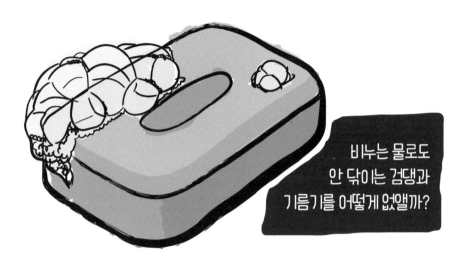

비누는 물로도
안 닦이는 검댕과
기름기를 어떻게 없앨까?

머리와 꼬리

비누에는 밀어내는 성질이 있는 두 물질의 틈을 이어 주는 원리가 숨어 있다. 물과 물에 녹는 물질에는 극성이 있다. 전하를 띤 양쪽 극이 있거나 만들 수 있다는 뜻이다. 이런 물질은 음극과 양극이 끌어당기는 성질을 이용해 물에 녹는 결합을 만든다. 이와 반대로, 지방이나 기름 같은 탄화수소 분자는 무극성이기 때문에 물에 녹지 않는다. 물이 기름에 침투해서 벗겨 내지 못하기 때문에 물만 가지고는 기름기를 닦아 낼 수 없다는 뜻이다.

비누 분자는 매머드의 지방 덩어리에 들어 있는 지방산 같은 긴 탄화수소 분자와, 재가 된 나무에서 찾을 수 있는 나트륨 또는 칼륨염이 반응해 생긴다. 그 결과 기름 같은 무극성 물질에 녹을 수 있는 긴 탄화수소 꼬리가 물에 녹을 수 있는 친수성(물을 좋아하는) 염 머리에 붙은 모양이 된다. 비누는 기름에 달라붙어 기름을 작은 방울로 잘게 나누고, 친수성 머리를 바깥으로 향한 채 둘러싼다. 그러면 각각의 방울은 서로 밀어내고, 주변의 물 분자와는 잘 결합해 에멀션(미세한 입자로 된 한 액체가 다른 액체에 고르게 섞인 끈끈한 용액)을 이룬다. 그리고 이 에멀션은 쉽게 닦인다.

012 탄산을 잡아 둘 수 있다면

후아니타와 파코는 마지막 손님을 배웅하고 힘들게 청소를 시작한다. 재활용 쓰레기통에 술병을 하나씩 넣다가 파코가 한 병을 들어 보이며 말한다. "이건 절반 좀 안 되게 남았는데, 버리기에는 아깝다." 후아니타도 같은 생각이지만, 김빠진 샴페인을 먹고 싶지는 않다. "김이 빠지지 않게 보관할 수는 없을까?" 후아니타의 어머니가 끼어든다. "병 입구에 은수저를 꽂아 두거라. 아버지께서는 50년 동안 그렇게 했는데 샴페인을 한 방울도 낭비하신 적이 없지." 후아니타는 코웃음을 친다. 그냥 옛날 사람들이 하는 말에 지나지 않아 보인다. 어머니의 은수저 방법이 정말 효과가 있을까?

개봉해 버린 샴페인의 김이 빠지지 않게 할 방법은 없을까?

은수저 방법

안타깝지만 파코 어머니의 방법은 그저 옛날부터 하던 말에 지나지 않는다. 이 방법이 효과가 있다고 생각하는 사람들조차 서로 의견이 다르다. 숟가락이 꼭 은이어야 할까? 숟가락 손잡이가 샴페인에 닿아야 할까? 병 입구에 꽂아 놓은 숟가락이 용해돼나 녹아 있는 이산화탄소를 방출하는 데 영향을 끼치지는 않는다. 그리고 실험을 해 봐도 샴페인의 김이 빠지는 것과는 무관하다.

왜 거품이 생길까?

샴페인의 거품은 발효 과정, 정확히는 병 속에서 일어나는 두 번째 발효 과정에서 발생해 녹아 있는 이산화탄소 때문에 생긴다. 효모는 포도즙에 들어 있는 당을 알코올로 바꾸면서 이산화탄소를 내놓는다. 샴페인은 병 속에서 계속 압력을 받고 있기 때문에 이산화탄소는 녹아 있는 상태를 유지한다. 보통 샴페인 한 병에는 대략 7.5g의 이산화탄소(기체로 치면 5L에 해당한다.)가 들어 있다.

코르크 마개를 열면 압력이 줄어들고 녹아 있던 이산화탄소가 밖으로 나오면서 샴페인에 거품을 만든다(그래도 거품으로 나오는 이산화탄소는 20%에 불과하다.). 샴페인 한 잔에서 생기는 공기 방울의 수는 2,000만 개 정도로 어마어마하게 많다. 그리고 이런 공기 방울이 솟아올라 터지면서 샴페인 특유의 맛과 향을 담고 있는 성분을 퍼뜨린다. 만약 김이 빠지게 내버려 둔다면 샴페인을 특별하게 만드는 이런 성질과 맛과 향의 상당 부분이 사라져 버린다.

차가울수록 낫다

이산화탄소의 용해도(그대로 녹아 있을 것인가 공기 방울로 빠져나올 것인가)에 영향을 끼치는 요소 중 하나는 온도이다. 용해도는 온도가 내려갈수록 높아진다. 따라서 샴페인이 차가울수록 밖으로 빠져나오는 이산화탄소가 적다. 샴페인을 보통 차갑게 해서 먹는 이유이다. 후아니타는 개봉한 샴페인 병을 냉장고에 넣어서 온도를 낮춰야 한다. 그러면 하룻밤 정도는 버틸 수 있을 것이다.

013   비행차 이륙 실패

로봇 하인으로 겪은 악몽 같은 경험에도 굴하지 않는 발명가 로저는 어린 시절 SF를 보며 꾸었던 또 다른 꿈으로 관심을 돌린다. 바로 하늘을 나는 자동차이다.

이번에는 좀 더 자신감이 넘친다. 비행차를 만드는 데 필요한 기술은 어지간하게 개발돼 있기 때문이다. 송풍기는 수직 이착륙이 가능하고, 부양력을 낼 정도로 강력한 데다가 회전 날개가 원통 안에 들어 있어 위험하지 않다. 효율적이고 강력한 전기 모터도 있고 이 모터를 돌릴 만큼 큰 배터리도 자동차 크기만한 공간에 충분히 넣을 수 있다. 똑똑한 컴퓨터 시스템을 이용하면 조종도 쉬워진다. 게다가 비행차가 비싸기는 하지만, 교통 체증을 싫어하는 허영심 넘치는 부자들로 이루어진 시장도 있다.

몇 년 동안 힘겹게 연구한 결과, 로저는 시험용 비행차를 완성한다. 아무런 사고도 내지 않고 한 바퀴 돌고 오는데, 착륙하자마자 체포당한다. 로저는 법정으로 끌려가고 비행차는 압수당한다. 구치소에 갇힌 로저는 미래가 오기는 아직도 멀었다고 생각한다.

1960년대 만화 '제슨 가족'에서 이들은 개인용 비행기를 타고 여기저기 돌아다닌다. 이 만화를 보고 자란 세대에서는 이런 생각을 하지 않을 수 없다. "왜 우리는 비행차를 못 만드는 거지?"

안전제일

진정한 비행차는 덩치가 작고 평범한 공간에서 이착륙할 수 있는 합법적인 개인 차량이어야 한다. 비행기 조종 면허가 없어도 몰 수 있어야 하며, 공항이 없는 곳에서도 쓸 수 있어야 한다. 이런 꿈을 실현하는 데 가장 큰 장벽은 기술이 아닌 법적인 문제일 것이다. 가장 어려운 문제는 공항이 아닌 건물이 가득한 공간에서 곧바로 하늘로 떠오르거나 내려올 방법이다. 숙련되지 않은 운전사가 사람이 많은 도시 위를 돌아다닐 수도 있으므로 안전에 대한 우려가 가장 크다. 한 가지 해결책은 비행차를 모두 자동으로 만드는 것이다. 하지만 이 경우에는 자율 주행 자동차와 비슷한 문제에 직면한다.

어느 하나 나은 게 없다

현재 비행차라고 할 수 있을 만한 제품을 이미 만들었거나 거의 완성한 곳은 여럿 있다. 하지만 실제로 날 수 있는 비행기는 날개를 접을 수 있는 작은 비행기와 크게 다르지 않다. 이착륙도 공항에서만 할 수 있고, 조종하려면 자격증도 필요하다. 작은 비행기와 값비싼 스포츠카를 합한 가격보다 비싼 것도 문제이다. 사실 비행기와 자동차는 각각 자기 영역(공중과 지상)에서는 성능이 더 뛰어나다.

"고백하자면, 1901년 나는 동생인 오빌에게
앞으로 50년은 인간이 하늘을 날 수 없을 거라고 말했다. 그 뒤로
난 나 자신을 믿지 않으며
어떤 예측도 하지 않으려 한다."

윌버 라이트, 1908년 11월 5일 프랑스 비행 클럽에서 한 연설 중

35

014 이웃에 사는 딱정벌레와 쥐

딱정벌레를 연구하는 베일리 교수와 해충을 연구하는 오토코 교수는 경쟁관계에 있다. 베일리 교수가 국립 과학원에서 연구비를 받자, 오토코 교수는 더 많은 연구비를 받아 냈다. 오토코 교수가 박사 학위 연구원 한 명을 고용하자, 베일리 교수는 두 명을 고용했다. 베일리 교수가 지역 연구 위원회에 들어가자, 오토코 교수는 전국 연구 위원회로 들어갔다.

두 사람은 자기 전문 분야 안에서도 연구와 관련된 사소한 사항을 비교하며 경쟁한다. 딱정벌레와 바구미를 연구하는 베일리 교수는 인간과 친밀하기로는 딱정벌레가 가장 보편적인 곤충이라고 즐겨 이야기한다. "전 세계 어느 도시에서도 딱정벌레는 근처에 있어." 그러나 오토코 교수는 코웃음을 친다. "말도 안 돼. 도시에서는 반경 1.8m 안에 반드시 쥐가 있다는 걸 모르는 사람은 없다고." 베일리 교수가 비웃는다. "그런 옛날이야기를 진지하게 믿는 건 아니겠지? 게다가 그게 사실이라고 해도 딱정벌레 서식지만큼 널리 퍼져 있고 밀도가 높은 건 없다고. 영국에만 딱정벌레가 630억

도시에서는
반경 1.8m 안에
쥐가 있다는 게
사실일까?

마리 정도 있다는 거 알아? 남녀노소 할 것 없이 그 나라 사람 한 명당 딱정벌레가 1,000마리는 있는 거야. 딱정벌레는 반경 몇 cm 안에 반드시 있을 거라고!" 오토코는 인정하지 못하고 자기가 이야기한 쥐 통계를 입증하기로 한다. 그리고 연구를 하기 위해 도서관으로 향한다.

쥐 문제

베일리 교수의 말이 옳다. 어디에서든 반경 1.8m 안에 반드시 쥐가 있다는 유명한 이야기는 오랜 속설일 뿐이다. 1909년 W. R. 보엘터는 책 『쥐 문제』에서 농부들에게 들은 이야기를 근거로 영국에 있는 쥐의 수를 추산했는데, 경작지 4,000㎡ 안에 한 마리였다. 당시 영국에는 경작지가 약 1,600억㎡ 있었고 인구는 400만 명이었으므로, 보엘터는 사람 한 명당 쥐가 한 마리씩 있다고 결론지었다. 그 뒤 어떻게 해서인지 이 내용은 사람의 키를 반경으로 하는 공간 안에 쥐가 한 마리는 있다는 이야기로 바뀌었다. 최근 추산에 따르면, 영국에는 쥐가 1,000만 마리 정도 있고, 사람이 모여 사는 곳에서는 사람과 쥐 사이의 평균 거리가 약 50m이다. 쥐 전문가인 스테픈 배터스비 박사는 낡은 지역에서는 쥐까지의 거리가 3~5m라고 추측했다. 이 정도는 딱정벌레가 사는 폭넓은 지역과 개체 수에 비하면 아무것도 아니다. 종의 수를 놓고 보면, 딱정벌레는 지구의 모든 생물 종 수의 4분의 1을 차지한다. 쥐보다 종류가 훨씬 더 다양하다. 게다가 단순히 숫자를 비교해도 딱정벌레가 쥐보다 훨씬 많다. 따라서 쥐보다는 딱정벌레가 근처에 있을 가능성이 더 크다.

"신의 역사를 연구해서 이끌어 낼 수 있는 결론은 신이 딱정벌레에게 과도한 애정을 품고 있다는 것이다."

J. B. S. 홀데인

015 세균의 소굴 돈

집 앞의 보도에 차린 메이지의 레모네이드 가판대는 장사가 아주 잘되고 있다. 레모네이드 한 컵의 가격은 75센트 였는데, 메이지는 가격을 1달러로 올리기로 한다. 메이지는 장사를 마친 뒤 집으로 돌아와 만족스럽게 돈이 든 상자를 식탁에 올려놓는다.

"엄마, 이거 봐요." 메이지가 두툼한 지폐 뭉치를 흔들며 자랑하듯이 말한다. 보란 듯이 지폐를 세던 중에 다음 지폐를 세기 위해 손가락에 침을 묻힌다. 그러자 엄마가 깜짝 놀라서 펄쩍 뛰며 외친다. "메이지! 돈이 얼마나 더러운데 그 손가락을 혀로 핥니! 돈 그만 내려 놓고 당장 가서 손을 씻어라!" 메이지는 속으로 생각한다. '쳇. 도대체 왜 그러시는 거야?'

지폐에는 뭐가 묻어 있을까?

세균 전시장

지폐에서 볼 수 있는 세균의 종류는 다음과 같다. 대장균, 비브리오, 폐렴막대균을 포함한 클레브시엘라, 세라티아, 엔테로박터, 살모넬라, 아시네토박터, 장구균, 황색포도상구균이나 표피포도상구균 같은 포도상구균, 바실루스, 연쇄상구균, 프로테우스, 녹농균을 포함한 슈도모나스, 이질균, 코리네박테리움, 락토바실루스, 유비저균, 미구균, 알칼리게네스······.

돈세탁이 필요해

메이지의 엄마 말이 옳다. 돈은 정말 더럽다. 거의 모든 돈이 약물이나 병균에 오염되어 있다. 미국에서 수차례 연구한 결과 일상생활에서 접하는 지폐는 99% 이상이 불법 약물, 특히 코카인으로 오염되어 있다고 한다. 코카인은 지폐(특히 미국 달러)에 쓰이는 녹색 염색약과 결합해서 몇 달 또는 몇 년씩 남는다. 지폐 한 장에 묻어 있는 약물은 보통 5ng(나노그램. 1ng=10⁻⁹, 10억 분의 1g으로 모래 한 알의 10만 분의 1 정도 무게이다.)이지만, 현대의 분석 방법은 아주 정밀해서 이를 찾아낼 수 있다. 게다가 어떤 약물은 상당량이 지폐에 남아 있어 병을 일으키기도 한다. 2012년 미시간주의 한 가게 점원이 매일 만지는 지폐에 묻어 있던 메스암페타민에 중독되기도 했다.

손부터 씻어라

돈은 세계에서 사람의 손을 가장 많이 타며 돌아다니는 물건이기 때문에 온갖 세균과 병원균(병을 일으키는 미생물)에 광범위하게 오염되어 있을 수밖에 없다. 화장실 변기보다도 오염이 심할 것이다. 2002년에 〈서던 메디컬 저널〉에 실린 보고서에 따르면, 실험에 사용한 달러 지폐의 94%에서 병원균을 발견했고, 뉴욕 대학교의 '더러운 돈 프로젝트'는 달러 지폐에서 3,000가지 박테리아 DNA를 찾아냈다. 감기 바이러스는 지폐에서 17일 동안 생존할 수 있다고 한다. 지폐에 있는 병원균의 원천은 바로 입, 대변, 사타구니 등이다.

016 정전기 충격

　　루이지와 알레산드로는 복도를 사이에 두고 맞은편에 산다. 루이지는 폴리우레탄 바닥으로 된 신발을 신고 집 안에는 나일론 카펫이 깔려 있다. 실내에서나 실외에서 걸을 때에는 발을 질질 끈다. 루이지의 자동차 의자 덮개도 나일론이다. 아파트는 건조하게 유지한다. 직장 사무실에서는 에어컨을 사용한다. 사무실에는 유리 책상이 많고, 바닥 타일은 PVC 재질이다. 루이지는 행운의 토끼발 부적을 가지고 다니며 쓰다듬는 것을 좋아한다.

　　알레산드로는 면으로 만든 슬리퍼를 신고 다니고, 바닥 깔개도 면이다. 걸어 다닐 때에는 발뒤꿈치를 든다. 자동차 시트는 가죽이다. 나무 바닥과 콘크리트 벽으로 만든 사무실에서 일하는데, 습도를 다소 높게 유지한다.

　　루이지는 정전기 충격에 시달린다. 욕실에서 수도꼭지를 돌리거나 전등을 켤 때마다 충격을 받는다. 자동차에서 나올 때, 캐비닛을 열 때에도 마찬가지이다. 반면, 알레산드로는 정전기 충격을 겪지 않는다.

정전기

정전기는 자유롭게 움직이지 못하는 전하이다. 마찰로 만들어지는 정전기는 누구나 쉽게 만들 수 있다. 전자는 음전하를 띠는 입자로써 보통은 양전하를 띠는 원자핵과 결합한다. 표면을 마찰하면 전자가 떨어져 나와 다른 물체에 쌓일 수 있다. 이런 전자는 다른 곳으로 이동해 정전기가 흩어져 버리지만, 다른 곳으로 움직이지 못하거나 없어지기 전에 쌓이면 상당한 크기의 전압이 생긴다. 사람이 만드는 정전기는 최대 1만 5,000 볼트에 이르기도 하며, 보통은 5,000 볼트 정도이다. 만약 이 정전기가 한 번에 방전된다면, 불꽃이 튀어 사람이 충격을 받을 수 있다.

왜 옷이나 자동차 문에서
전기 충격을 받을까?

대전열

어떤 물질은 다른 물질보다 전자를 더 쉽게 잃거나 얻는다. 어떤 물질은 전자를 쉽게 잃어서 양전하를 띠고, 어떤 물질은 전자를 쉽게 얻어서 음전하를 띤다. 양전하를 띠기 쉬운 물질부터 음전하를 띠기 쉬운 물질까지 순서대로 나열할 수 있는데, 이를 대전열이라고 한다. 어떤 두 물질이 대전열에서 멀리 떨어져 있을수록 정전기를 만들기 쉽다.

정전기에 노출되는 경우

대전열에서 양쪽 끝에 있는 물질로 만든 옷을 입거나 만지면 정전기가 생길 위험이 크다. 쓰다듬거나 발을 질질 끌면서 걷는 것처럼 마찰을 많이 일으키는 행동도 마찬가지이다. 건조한 공기 역시 정전기 발생 가능성을 높인다. 자동차를 탔을 때에는 몸과 자동차 사이의 마찰 때문에 정전기가 생기는데, 고무 타이어가 절연 물질이기 때문에 전기가 다른 곳으로 흘러나가지 못하고 쌓인다. 전하의 절반을 고스란히 품고 차에서 내린 뒤 자동차 외부의 금속을 건드리면 전하가 갑자기 다시 결합하면서 충격을 가한다. 충격을 받지 않으려면 앞 유리를 건드리거나(유리는 전기가 통하지만, 전하를 천천히 흘려 보낸다) 손가락 대신 자동차 열쇠를 갖다 대면 된다.

017　뒤섞인 견과류를 크기순으로

　　사라는 어디를 가든지 착한 일을 즐겨 한다. 영화관에서 옆에 앉은 남자가 팝콘을 먹으며 계속 짜증 내는 모습을 보았다. 그 남자는 터지지 않은 낟알이 자꾸 입으로 들어와서 이가 깨질 것 같다고 했다. 사라는 남자의 팝콘 봉지를 가져와 몇 분 동안 힘차게 흔든 뒤 돌려준다. 남자는 이제 짭짤한 팝콘을 마음껏 먹을 수 있다며 기뻐한다.

　　영화가 끝난 뒤 사라는 커피숍으로 간다. 바리스타가 괴로워하고 있다. 분쇄기가 중간에 고장 나는 바람에 커피 원두가 모두 갈리지 않은 것이다. 갈린 원두와 그대로인 원두를 섞어서 추출기에 넣었다가는 분쇄기가 고장 날 거라며 투덜거린다. 사라는 원두가 든 통을 건네받아서 몇 분 동안 힘차게 흔든 뒤 돌려준다. 바리스타는 기뻐한다. 이제 갈리지 않고 남은 원두를 위에서 퍼내면 된다.

　　저녁에 사라는 파티에 간다. 파티 주최자가 과자 때문에 성가셔하고 있다. 손님 중 한 명이 브라질 땅콩만 좋아하는데, 그 손님이 땅콩과 캐슈너트 사이에서 브라질 땅콩만 골라내는 수고를 하지 않게 해줘야 하기 때문이다. 사라는 통을 건네받아 몇 분 동안 힘차게 흔든 뒤 돌려준다. 파티 주최자가 기뻐한다. 이제 까다로운 손님도 자신이 가장 좋아하는 브라질 땅콩만 쉽게 골라 먹을 수 있다.

브라질 땅콩은 왜 항상
견과류 통에서
가장 위에 있을까?

곡물의 대류

사라의 통을 흔든 이유는 무엇일까? 사라가 쓴 방법이 통한 것은 곡물의 대류 때문이다. 크기가 모두 같은 곡물을 통 안에 넣고 위아래로 흔들면 대류 현상을 볼 수 있다. 입자가 흔들렸을 때 어떻게 움직이는지를 설명하는 이론이다. 가운데 있는 곡물은 위로 올라가고, 가장자리의 곡물은 아래로 내려간다. 만약 곡물의 크기가 제각각이라면 크기에 따라 나뉜다. 하지만 언뜻 생각했을 때와 다르다. 다양한 견과류를 넣은 통을 흔들면 크기순으로 나뉘는데, 가장 커다란 브라질 땅콩이 맨 위로 올라간다. 그래서 브라질 땅콩 효과라는 별명도 있다. 이 효과는 분쇄기 안의 커피 원두나 팝콘 속의 터지지 않은 옥수수 낟알을 포함해 크기가 다양한 온갖 입자에 적용된다.

쭉쭉 내려갑니다

브라질 땅콩 효과를 간단히 설명하자면, 작은 견과류는 좁은 공간을 통해 아래로 내려가고, 커다란 견과류는 내려가지 못해서 위쪽에 남는다는 것이다. 따라서 계속 아래로 내려간 작은 견과류들이 맨 아래에 놓인다. 이 현상은 간단하지 않다. 밀도나 중력, 기압에도 영향을 받는다. 그리고 통 모양이 달라지면 상황도 달라진다. 가령, 원뿔 모양의 통을 이용하면 효과가 정반대로 나타난다. 그러므로 만약 브라질 땅콩이 맨 위로 올라오는 게 싫다면 여러 종류가 섞인 견과류는 원뿔 모양의 통에 담아 두자.

인간에 대해

"인간 생리학에 대한 철저한 공부는
그 이름 자체가 뜻하는 것보다 더 광범위하고
포괄적인 교육이다. 이와 관련되지 않은
지성의 영역은 없으며, 인간이 가진 지식은
모두 여기에 뿌리를 두고 있거나,
이것의 한 갈래 또는 확장이다."

토머스 헨리 헉슬리(1825~1895),
에세이 모음집(1893) 중 '현실과 이상(1874)'

⚬ 018   잘 때 흘리는 땀

얼음 장수가 작은 카트를 밀고 뒷마당으로 들어와 잔디 위에 커다란 얼음덩어리를 내려놓자 아이들이 환호성을 질렀다. 얼음덩어리는 여름의 뜨거운 열기 속에서 반짝였고, 그 옆으로 조그만 폭포 같은 수증기가 흘러 내리고 있었다. 아이들이 모여들어 얼음을 만져 보더니 아주 차갑다고 깍깍거렸다.

가장 어린 힐다가 작열하는 태양을 가리키며 물었다. "아저씨, 이거 안 녹아요? 지금 엄청 뜨거운 날씨예요." 얼음 장수는 친근하게 힐다의 머리를 쓰다듬었다. "결국에는 녹을 거야. 그런데 시간이 아주 오래 걸린단다." "그런데 어제 빌리가 아이스크림을 땅에 떨어뜨렸을 때에는 금방 녹아 버렸어요." 힐다가 반박했다. "아저씨 말이 어렵게 들릴 수는 있는데, 얼음 덩어리가 이 정도로 크면 바깥보다는 안쪽에 얼음이 훨씬 더 많단다. 그러니까 이건 빌리의 아이스크림처럼 빨리 녹지 않을 거야."

힐다는 정말로 얼음 장수의 말이 어려웠다. 그래서 잠자리에서도 계속 엄마에게 질문했다. "쉿. 이제 그만 자렴. 밤공기가 서늘할 때가 있으니 이불은 꼭 덮고." 힐다의 엄마는 힐다에게 이불을 덮어 주며 말했다. 두 시간 뒤 힐다의 엄마가 힐다의 방에 왔을 때 힐다의 이마에는 땀이 맺혀 있었다. 이마에 들러붙은 머리카락을 떼어 주려고 손을 대 보니 베개도 축축했다.

아이들은 잠잘 때 왜 땀을 많이 흘릴까?
밤마다 땀에 흠뻑 젖는 건 정상일까,
걱정해야 할 일일까?

크기가 중요하다

아이들도 어른처럼 여러 가지 이유로 자면서 땀을 흘린다. 보통은 더울 때나 아플 때이다. 하지만 건강한 아이가 서늘한 날씨에도 흠뻑 젖을 정도로 땀을 흘리는 건 평범하고 정상적인 일이다. 근본적인 이유는 아이들이 어른보다 부피에 대한 표면적 비율이 크다는 사실이다(아기는 세 배 정도이고, 유아는 대략 65% 더 크다). 물체의 크기가 커지면, 부피는 세제곱 만큼 늘어난다. 하지만 표면적은 제곱만큼 늘어난다. 예를 들어, 코끼리는 쥐보다 표면적이 매우 넓지만, 부피에 대한 표면적의 비율은 훨씬 낮다. 열은 표면을 통해 빠져나가므로 아이들은 어른보다 훨씬 더 빨리 열을 흡수한다(반대로 훨씬 빨리 방출하기도 한다.). 게다가 몸의 온도 조절 기능이 10대 후반이 되기 전에는 완전히 성숙하지 않기 때문에 방이 덥거나 이불을 덮고 있으면 체온이 금세 올라간다. 그래서 땀을 많이 흘린다.

땀샘이 문제

사실 아이들은 같은 피부 면적에서는 땀을 더 적게 흘리며, 땀샘에서도 땀을 덜 생산한다. 하지만 어른과 비교하면 아이들은 열을 받으면 활동하는 땀샘의 밀도가 높다. 좁은 면적에 비슷한 수의 땀샘이 있기 때문이기도 하다. 아이들은 숙면을 취하는 시간이 많다. 이 또한 땀을 많이 흘리는 것과 관련이 있을 수 있다.

₀₀₉ 019   흰머리가 좋아

나탈리의 미용실에 새로운 손님이 찾아왔다. 아지즈 씨는 흰머리가 유행이라며 어떻게 하면 그렇게 할 수 있겠냐고 물었다. 나탈리는 '기다리는 것'이 가장 간단한 방법이라고 대답했다. 대부분의 사람에게 해당하지만 흰 머리카락이 될 확률은 서른 살 이후부터 10년마다 10~20% 늘어난다. 아지즈 씨는 자신이 이미 쉰 살이라고 말했다. 나탈리가 미용 일을 하면서 얻은 경험에 따르면 보통은 쉰 살에 머리카락의 절반 정도가 색을 잃는다. 하지만 그건 대부분 코카시아 인종에 한해서라고 말했다. 학계 연구에 따르면 45~65세의 74%가 흰 머리카락을 갖고 있으며, 평균적으로 머리카락의 27%가 흰색 머리이다.

따라서 아지즈 씨는 소수파로, 45~65세이며 흰머리가 없는 26%에 속했다. 아지즈 씨는 대부분의 동료들에게는 있는 흰머리가 왜 자신에게는 없는지 궁금했다.

나탈리는 생각했다. 이 사람은 표면적인 대답을 원하는 걸까, 근본적인 대답을 원하는 걸까? 아지즈 씨는 그 차이를 알고 싶었다. 나탈리가 말했다.

흰머리는 왜 날까?

"표면적으로는 세포와 분자 수준에서 일어나는 멜라닌 색소와 모공의 변화 때문이고요, 근본적으로는 진화 과정과 관련지어 설명할 수 있어요."

아지즈 씨는 미용사와 이런 대화를 나누는 게 어색했다. 하지만 나탈리에게 두 가지 이유를 설명해 달라고 청했다.

과산화의 결과

머리카락 색깔은 머리카락을 이루는 단백질 성분인 케라틴에 들어 있는 다양한 멜라닌 색소 때문에 나타난다. 모공에서 케라틴이 만들어질 때 멜라노사이트라는 세포가 멜라닌을 내놓아 모공 위쪽에 자리 잡게 한다. 케라틴에 첨가되는 멜라닌의 양이 줄어들면 색깔도 옅어진다. 처음에는 회색빛이 되었다가 멜라닌이 모두 사라지면 하얗게 변한다. 멜라닌 생산량은 환경 오염 같은 외부 요인이나 유전자나 호르몬 같은 내부 요인 등 다양한 이유로 줄어든다. 2009년에 나온 한 연구에 따르면 멜라닌이 줄어드는 건 멜라노사이트가 '광범위한 표피 산화 스트레스'를 겪었기 때문이다. 자연스럽게 발생한 과산화수소가 멜라닌 색소의 생산 경로를 방해하며 동시에 그 경로를 고치는 작용에도 해를 입힌다.

여자는 흰머리를 좋아해?

진화론으로 근본 이유를 설명하자면, 머리카락이 흰색으로 변하는 건 생존에 유리하기 때문일 것이다. 가장 단순한 설명은 머리카락에 쓸 멜라닌을 만드는 데에는 물질과 에너지 자원이 들어가므로 멜라닌을 만드는 대신 그 자원을 생존에 쓴다는 것이다. 옛날 사람들이 번식을 위해 짝을 찾는 경쟁을 하던 시대에는 검은 머리에 자원을 쓸 여유가 있었을 것이다.

나이가 들었다는 상징인 흰머리가 지혜와 경험 같은 특성을 암시한다는 설명도 있다. 물론 이 가설을 지지하는 근거는 없으며, 많은 생물학자는 '그냥 그럴듯하게 들릴 뿐인 이야기'로 여긴다.

020 모기가 잘 꼬이는 사람

　니앙가는 또다시 허벅지를 찰싹 때렸다. 모기 퇴치제도 소용이 없었다. 니앙가는 텐트 반대쪽에서 자는 쌍둥이 동생 루피타를 바라보았다. 루피타는 평온하게 자고 있었다. '잘도 자네, 운이 좋아.' 니앙가도 모기 때만 아니었으면 평온하게 자고 있을 터였다. 니앙가는 모닥불 옆에 앉아 있으려고 침낭 밖으로 나갔다. 여행을 온 몇몇 사람들도 이미 나와 있었다. "못 자겠죠? 모기 때문이죠?" 다들 괴로운 표정으로 고개를 끄덕이며, 발목이나 손목, 종아리, 목 등 여러 부위에 물린 모기 자국을 가리켰다.

　니앙가는 동료 피해자들을 훑어보았다. 여행 온 사람들의 5분의 1 정도였다. 맥주를 마시고 있는 젊은 남자, 덩치가 크고 육중한 남자, 임신한 여자, 밝은 빨간색 티셔츠를 입은 남자 그리고 잠자리에 들기 전에 조깅을 하던 여자가 있었다. "왜 하필이면 우리죠?" 덩치 큰 남자가 투덜거렸다. 임신한 여자는 모기가 잘 꼬이는 사람이 20% 정도 있다는 내용을 읽은 적이 있다며, 그 사람들에게는 특별히 맛있는 냄새가 나는 이유가 있는 것이 분명하다고 말했다.

　"사실 모기는 피를 먹는 게 아니에요." 맥주를 마시던 젊은 남자가 끼어들었다. "사람을 무는 건 암컷 모기인데 번식 과정에서 피가 필요하지요. 못 믿으시겠지만, 모기는 채식을 해요." 니앙가는 이미 알고 있던 사실이었다. 니앙가는 이집트 모기의 생애와 행동을 전문으로 연구하는 생물학자였다. 이집트 모기는 뎅기열과 지카 바이러스를 퍼뜨린다. 하지만 정말 기분 나쁜 건 모기가 잘 꼬이는 사람과 아닌 사람의 차이를 따져 보면 그 차이의 67% 이상이 유전자 때문이라는 사실이었다. 그런데도 일란성 쌍둥이인 동생은 그 확률을 이겨 내고 모기의 방해를 받지 않은 채 아기처럼 곤히 자고 있었다.

모기가 꼬이는 사람

사람의 몸에서는 다양한 화학 물질이 나온다. 일부는 페로몬이나 땀처럼 우리 몸 자체에서 나오고, 나머지는 우리 몸에 사는 수많은 미생물에게서 나온다. 현재 약 400가지의 화학 물질이 모기를 유인하는 데 어떤 역할을 하는지 연구하고 있지만, 이미 밝혀진 '모기가 꼬이는 사람'이 있다.

- 이산화탄소(CO_2): 사람은 숨을 쉴 때마다 이산화탄소를 내뿜는다. 그리고 모기는 150m여 떨어진 거리에서도 이산화탄소를 감지해 목표를 찾아낸다. 덩치가 크고 신진대사가 활발할수록 이산화탄소를 더 많이 내뿜는다. 예를 들어, 비만이거나 덩치가 큰 사람은 모기가 더 많이 꼬인다. 어른이 아이보다 모기에게 더 많이 물리는 이유이기도 하다.
- 젖산처럼 땀 속에 들어 있는 물질도 모기를 유인한다. 따라서 운동을 하면 모기의 목표가 될 확률이 높다.
- 임신한 여성도 크기와 무게 때문에 이산화탄소를 21% 정도 더 많이 배출하며 체온도 정상보다 평균 0.7℃ 높다. 따라서 모기의 목표가 되기 쉽다.
- 맥주를 마시면 모기가 더 많이 꼬인다. 이유는 아무도 모른다.
- 가까이 다가온 모기는 시각에 의존해 움직인다. 밝은 빨간색이나 검은색 옷처럼 또렷한 색깔을 더 잘 본다.
- 혈액형이 O형인 사람은 혈액형이 A형인 사람보다 두 배 더 많이 물린다. 혈액형이 B형인 사람은 그 중간 정도이다.

왜 모기는 특정 사람을 더 선호할까?

021 뛰느냐 걷느냐 이것이 문제로다

미래의 올림픽 경기에 새로운 경주가 도입되면서 논쟁이 생긴다. '오르락내리락 경주'인데, 장애물 경주와 마라톤, 언덕 오르기를 합친 스포츠이다. 먼저 트랙을 몇 바퀴 돌고 경기장을 나가면 언덕 몇 개를 오르내리며 거친 땅을 지나가야 한다. 그러면 다시 평평한 지역이 나왔다가 언덕이 나오고, 마지막으로 경기장 트랙을 돌면 된다. 코스가 매우 길어 지구력을 겨룰 수 있는 경주이다.

이런 경주를 해 본 적이 없는 선수들은 어떤 전략이 가장 좋을지 고민에 빠진다. 장거리 달리기 선수 대부분은 가장 잘 아는 전략을 고수해 처음부터 끝까지 달릴 계획이다. 경보 선수들도 대부분 가장 잘 아는 전략을 쓴다. 처음부터 끝까지 걷기만 하는 것이다. 그러나 일부 선수들은 둘을 섞은 전략을 쓸 생각이다. 평평한 지역에서는 뛰고, 언덕에서는 걷는다.

과연 누가 이길까?

달리기가 언제나 걷기보다 빠를까?
뻔해 보이지만, 사실 속도와 효율성 사이의 균형은
복잡하고 불확실한 문제이다.

어떻게 움직일 것인가

사람이 사용하는 주요 이동법은 걷기와 달리기이다. 걸을 때는 무릎이 고정돼 다리가 뻣뻣해진다. 다리가 거꾸로 선 진자처럼 움직인다는 뜻이다. 진자는 상승하면서 운동 에너지를 위치 에너지로 보존한다. 그리고 이 위치 에너지는 진자가 내려올 때 운동에너지로 바뀐다. 덕분에 적당한 환경에서는 걷기가 아주 효율적이다. 그러나 달릴 때에는 다리가 용수철 달린 막대기처럼 통통 튄다. 이 역시 이동할 때 효과적일 수 있다. 달리고 있는 다리의 근육과 힘줄은 마치 용수철 같은 역할을 하며 발이 땅에 닿을 때 생기는 에너지를 저장했다가 그중 95% 정도를 이용해 몸을 앞으로 움직인다.

에너지 절약

사람은 천천히 뛸 수도 있고 빨리 걸을 수도 있다. 어떤 방식을 택할 것인지의 문제와 속도는 별 상관이 없다. 우리 몸은 속도를 내기 위해 에너지를 가장 효율적으로 쓰는 방식을 추구한다. 특정 속도가 넘어가면 걷기보다는 달리기가 더 효율적이다. 위의 '오르락내리락 경주'에서는 평평한 곳에서 달리고 언덕에서 걷는 혼합 전략을 취한 선수가 최적의 속도를 얻을 수 있다는 뜻이다. 물론 전체 코스를 달릴 수 있을 정도로 체력이 좋은 선수가 가장 빠르겠지만, 긴 코스를 꾸준히 달리는 데 필요한 에너지는 너무나 많다. 최후에는 혼합 전략을 택한 선수가 승리를 거머쥘 것이다.

022 죽은 자의 숫자

　　라이언 대통령은 창문을 바라보다가 시선을 돌렸다. "신이시여, 저 저주받은……
것들이 전보다 더 많아졌어!" 비서 실장이 퉁명스럽게 대꾸했다. "왜 제대로 부르지
를 못하시는 겁니까? 저게…… 좀비라는 건 다들 알고 있지 않습니까. 죽지도 살지도
않은 것들 말입니다!" 라이언 대통령은 성호를 긋고는 절망스러운 목소리로 중얼거렸
다. "지옥에 더 이상 자리가 없어지면, 죽은 자들이 지상을 걸어 다닐 것이다." "대통
령님, 외람되지만 저는 아직 항복할 준비가 안 됐습니다." 린 장군이 외쳤다. "인류 전
체와 모든 나라의 군대가 우리를 뒷받침하고 있습니다. 우리가 상대하고 있는 게 뭔
지 정확히 알아야 합니다."

　　장군은 파텔 교수에게 물었다. "바티칸에서 내놓은 성명이 정확하다면, 죽은 자
들은 살아 있는 사람의 뇌를 먹으러 돌아왔습니다. 이게 저들의 수와 관련해서 어떤
의미가 있습니까? 지구에 있는 사람은 70억 명이 넘습니다. 세계 인구가 기
하급수적으로 늘어난다는 점을 생각하면 우리
가 저 망할 좀비를 수적으로 눌러야 하는
거 아닙니까?" 파텔 교수는 불편한 기
색으로 몸을 뒤척였다. "확실하지는 않
습니다, 장군. 대충 계산을 해 봤는데,
결과가 별로 좋지는 않군요……."

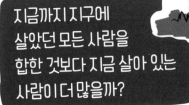

지금까지 지구에
살았던 모든 사람을
합한 것보다 지금 살아 있는
사람이 더 많을까?

산술급수 vs 기하급수

인구가 꾸준히 증가한다면 산술급수적으로 늘어난다고 할 수 있다. 예를 들어, 한 세대마다 비슷한 수만큼 사람이 늘어나는 것이다. 만약 원래 인구가 n명이라면 다음 세대에는 n+n명, 그다음에는 n+n+n명인 식이다. 6세대가 지나면 인구는 6^n명이 된다. 원래 인구가 10명이라면, 6세대 뒤의 인구는 60명이다.

기하급수적 증가는 곱으로 늘어날 때를 말한다. 원래 수의 지수가 커지는 것이다. 원래 인구가 n명이었다면, 다음 세대는 n^2명이 되고, 그다음에는 n^3명이 되는 식으로 커진다. 원래 인구를 10명으로 놓으면, 6세대 뒤의 인구는 10^6명, 즉 100만 명이다. 기하급수적으로 증가할 때에는 각 세대의 인구수가 이전 세대보다 한 단위 정도 크다. 그 결과 여섯 번째 세대의 인구수인 100만은 이전 5세대의 인구수를 모두 합한 111,110명을 9대 1 정도로 압도한다.

18~19세기의 농업과 산업 혁명 이후 세계 인구가 날카롭게 치솟았고, 20세기에 들어서는 이 추세가 더 빨라졌지만, 인구 증가가 기하급수적이라고 부르기에는 많이 모자란다. 사실 인구는 인류 역사에 걸쳐 아주 천천히 늘어났다. 이를 근거로 생각하면, 살아 있는 사람이 죽은 사람보다 많을 가능성은 거의 없다.

좀비 아포칼립스

UN에 따르면 2011년에 세계 인구는 70억 명을 넘었다. 하지만 워싱턴에 있는 인구 조사국에 따르면, 지금까지 살았던 사람을 모두 합한 수는 대략 1,070억 명이다. 즉 좀비 아포칼립스가 일어난다면 죽은 사람이 산 사람을 대략 15대 1로 압도한다는 뜻이다. 게다가 인구 조사국에서는 이 수치가 실제보다 적을 수 있다고 말했다. 역사적으로 언제나 영아 사망률이 높았으므로 출생률 역시 아주 높았을 가능성이 크다. 좀비의 행렬은 어렸을 때 죽은 사람으로 넘쳐날 것이다.

023 외면 받고있는 빵

'피터 페인의 맛있는 빵집'. 피터는 새로 연 가게의 간판을 만족스럽게 살펴보았다. 바로 옆에서 건강식품 가게 '친환경 식품'을 운영하는 앨리스가 피터를 환영하러 나왔다. 앨리스는 간판을 보더니 유감스럽다는 표정을 지었다. "미안하지만 이 동네 사람들은 글루텐을 아주 싫어해요." 피터가 항변했다. "하지만 글루텐은 무해하고 아주 뛰어난 천연 물질이에요. 가장 큰 복합 단백질이고, 탄성과 가소성이 뛰어나서 다양한 모양과 성질로 만들 수 있어요. 빵, 페이스트리, 파스타처럼요."

앨리스는 피터에게 주요 시장에서 글루텐 프리 식품이 떠오르고 있다는 우울한 사실을 자세히 담고 있는 종이를 건넸다. 피터는 깜짝 놀랐다. 수천 년 동안 주요 식품으로 사용하던 물질에 반감을 갖는 이유를 도무지 이해할 수 없었다. 지난 10여 년 사이에 갑자기 수많은 사람이 지금까지 모르고 있던 중대한 소화 문제를 일으켰던 것일까? 아니면 그저 유행일 뿐일까?

요즘은 마치 둘 중 한 명은 글루텐 민감증인 것만 같다.
하지만 실제로 글루텐 민감증은 얼마나 있을까?

글루텐 프리 식품의 행진

2014년까지 5년 동안 미국에서 글루텐 프리 식품 판매는 매년 34%씩 늘어나 9억 730만 달러에 이르렀다. 2019년에는 2014년보다 140% 늘어난 23억 4,000만 달러였다. 2015년에는 관련 분야 식품 전체의 4분의 1이 글루텐 프리를 내세웠다.

민감한 주제

왜 사람들이 맛있고 저렴하고 영양가 있는 글루텐 함유 식품을 다 같이 등지고 있을까? 답은 폭발적으로 늘어난 셀리악병과 글루텐 민감증(NCGS)이다. 셀리악병은 글루텐을 먹었을 때 작은창자에 염증이 생기는 질환이다. 글루텐 민감증은 글루텐 불내증이라고도 하는데, 과민성 대장 증후군이나 만성 피로, 습진, 우울증, 심지어는 충치와 같은 만성 질환을 일으킨다. 어떤 추산에 따르면, 글루텐 민감증 발병률은 1999년 2,500명 중 1명에서 2009년 133명 중 1명으로 늘어났다. 인구의 70%가 잠재적인 글루텐 민감증을 갖고 있으며, 이 중 30~40%가 글루텐 민감증으로 발전한다는 주장도 있다.

팽팽한 긴장감

글루텐 민감증은 보통 스스로 진단하거나 임상 관찰로 알아낸다. 혈액 속에 특정 물질의 양이 많아지는 것처럼 측정할 수 있는 방법이 아니라 환자가 이야기하는 증상에 의존한다는 뜻이다. 2013년 호주 모나시 대학교에서 글루텐 민감증이라고 자가진단한 환자를 대상으로 연구한 보고서에서 "글루텐이 글루텐 민감증 환자에게 특정한 영향을 끼치거나 섭취량에 따라 어떤 효과를 낸다는 증거는 전혀 없다."라고 밝혔다.
반면, 현대의 밀 변종과 공장식 빵 생산이 포장된 채 팔리는 빵 대부분의 글루텐 함량을 많이 높였다는 사실도 알려져 있다. 좀 더 오랜 발효 과정을 거친 피터의 수제 빵은 아마도 글루텐 민감증인 사람에게 큰 문제가 되지 않을 수도 있다.

024 백신 예방 접종 맞아야 하나?

후마는 병원에서 아기에게 백신을 맞히라는 편지를 받았다. 결핵과 간염 백신, 그리고 홍역과 이하선염, 풍진 혼합 백신(MMR), 디프테리아, 백일해, 파상풍 등의 예방 접종이었다. 하지만 학교 문 앞에서 다른 부모들이 나눠 주던 전단지 내용을 보면 끔찍한 이야기가 많다.

어떤 여성은 백신에 수은이 들어 있다고 말하고, 또 다른 사람은 영안실에서 시체를 보존할 때 쓰는 화학 물질인 포름알데히드가 들어 있다고도 한다. 어떤 아기 엄마는 백신이 정부의 음모라고 주장한다. 2000년 이후로 홍역으로 사망한 사람이 없는데, 홍역 백신을 맞아야 할 이유가 있느냐는 것이다. 아기 아빠 한 명은 홍역 백신을 맞고 사망한 아이가 몇 명 있다면서 더 이상 존재하지 않는 질병으로부터 보호하기 위해 아기를 죽을 위험에 빠뜨리는 게 말이 되느냐고 묻는다. 다른 아기 아빠는 풍진 혼합 백신을 맞고 자폐증에 걸린 아이 이야기를 한다. 모두가 백신이 자폐증을 유발한다는 이야기를 들었다고 동의한다.

후마는 갈피를 못 잡고 있다. 아이에게 백신을 맞혀야 할까? 그러지 않는 것이 더 안전할까?

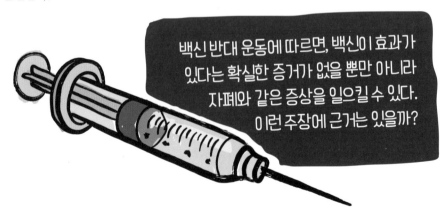

백신 반대 운동에 따르면, 백신이 효과가 있다는 확실한 증거가 없을 뿐만 아니라 자폐와 같은 증상을 일으킬 수 있다. 이런 주장에 근거는 있을까?

백신의 원리

인간의 면역 체계는 병원체와 처음 만났을 때 항체를 생산하고 다음에 다시 병원체가 들어왔을 때 즉시 항체를 생산할 수 있도록 '기억'하는 식으로 면역을 얻는다. 죽은 것과 다름없을 정도로 약한 병원체 또는 아주 적은 양의 병원체에 면역 체계를 노출시켜 이 능력을 이용하는 것이 백신이다. 이런 방식으로 백신을 맞은 사람은 실제 병에 걸리지 않은 채 면역을 얻게 된다.

백신과 관련된 속설

후마가 학교 앞에서 만난 사람들은 백신에 대한 가장 유명하고 해로운 속설을 퍼뜨리고 있다.

• 과거에 백신을 만들 때 일부 단계에서 수은이나 포름알데히드를 사용한 적이 있었다. 그러나 그런 백신을 쓰던 시절에도 백신에 남아 있는 유해 물질의 양은 자연에서 접할 수 있는 것보다 훨씬 적었다. 예를 들어, 포름알데히드는 백신보다 자연 상태의 사과와 배에 훨씬 더 많이 들어 있다.

• 21세기 초까지는 백신을 만들 때 쓰는 방부제에 무독성 수은이 들어 있었지만, 참치 캔 한 통에 들어 있는 독성 수은보다 양이 적었다. 해를 끼쳤다는 증거도 없다. 그럼에도 대중의 두려움을 가라앉히기 위해 이제는 아이들을 위한 백신을 만들 때 이 방부제를 쓰지 않는다.

• 최근까지도 개발 도상국에서는 홍역으로 사망하는 아이들이 있었다. 하지만 대부분의 선진국에서는 백신 도입 이후 홍역 백신 때문에 사망한 사례는 아직 없다.

• 여느 의약품과 마찬가지로 백신에도 부작용은 있다. 그러나 백신과 자폐증 사이의 연관 관계를 입증하는 타당한 연구는 없다. 반대로 수백만 명의 아이들을 조사한 결과 연관 관계가 전혀 없다는 연구는 많다. 자폐증과 관련이 있다고 주장한 원래 연구는 신빙성이 없는 것으로 판명 났으며, 원래 논문을 출간한 학술지도 논문을 철회했다.

025 대머리의 역습

　반짝이는 대머리가 활기찬 젊음의 상징이고 털이 수북한 머리는 나이가 들기 시작함을 뜻한다고 상상해 보자. 머리털을 대하는 우리의 태도는 사뭇 달라질 것이다. 아니, 어쩌면 그렇게 다르지 않을 수도…….

　쉔은 헤어 클리닉 광고에서 눈을 뗄 수가 없었다. 비용도 감당할 만했고, 이제는 아이들도 독립해서 떠났으며, 여윳돈도 좀 있다. 머리털 문제에 돈을 쓰지 못할 이유가 어디 있을까?

　쉔은 울창하고 덥수룩한 머리털을 다른 사람들이 어떻게 보는지 잘 알고 있었다. 불쌍하다는 듯 바라보는 사람들의 시선, 숨죽여 키득거리는 소리를 왜 참아야 할까? 불공평했다. 마흔 살까지만 해도 쉔은 여느 남자처럼 머리가 매끈했다. 그런데 언제부턴가 가장자리에 머리털이 나기 시작했다. 털은 두피를 점점 덮더니 급기야는 매끈한 피부가 전혀 보이지 않게 되었다. 쉔은 스물한 살에 머리털이 난 할아버지를 탓했다. 유전자가 그런데 어쩌란 말인가? 쉔은 반짝이는 머리를 자랑하던 아버지를 떠올렸다. 기름을 발라 달라고 하며 어린 쉔이 반짝이는 머리에 감탄하기를 바랐다. 그리고 처음으로 털이 솟아났을 때 아버지가 얼마나 굴욕적으로 생각했는지.

　그래, 이제 참을 만큼 참았다. 쉔은 예약을 했다. 이제 일주일만 있으면 십대 때처럼 매끈해질 것이다. 아내도 새로운 눈으로 바라보겠지. 사장도 진작 시켜 줬어야 할 승진도 시켜 줄 것이다. 두피가 예쁘게 주름진 테니스 클럽의 여자도 웃어 줄지 모른다.

　그런데 생각대로 되지는 않았다. 머리털 제거 시술은 아주 성공적이었다. 하지만 10년쯤 젊어 보이자 사장은 쉔을 더 얕보는 것 같았다. 아내는 같은 거리 끝에 사는 꽁지머리 남자와 바람을 피는 것 같았다. 그리고 테니스 클럽의 여자는 '어린 티가 나지 않고 성숙해 보이는 남자'에게만 관심이 있다는 소리도 귀에 들어왔다. 어쩌면 우아하게 늙는 게 최선이었을지도 모른다.

대머리의 진실

쉔이 사는 세상에서는 남성의 탈모 과정이 정반대이다. 하지만 결과는 우리 세상과 그다지 다르지 않다. 우리 세상에서는 남자 여섯 명 중 한 명이 어느 시점에서 대머리가 되며, 스무 명 중 한 명은 스물한 살이 될 때쯤 탈모가 시작된다. 대머리는 유전되는 특질로 여겨지므로 관련 유전자가 있을 게 분명하다. 그건 곧 대머리가 되는 경향이 자연 선택의 압력 때문에 생겼으며, 지금껏 유지되고 있음을 시사한다. 한 가지 가설로는 우리의 유인원 조상에게 대머리는 성숙함의 상징이라는 게 있다. 나이가 많을수록 자원에 대한 지배력이 강하기 때문에 대머리가 잠재적인 짝짓기 상대로 더 매력적이라는 것이다. 실제로 침팬지 사회에서 사회적 지위와 탈모 사이의 연관성을 관찰한 바 있다는 사실은 이 이론을 뒷받침한다. 탈모가 있는 침팬지는 더 나이 많은 수컷으로 존중받는 경향이 있으며, 자손을 낳을 가능성이 더 크다.

탈모로 괴로워하는 남성은
왜 그렇게 많은 걸까?

026 늙기 전에 잃어버린 생식력

"네?" 날카로운 창이 주술사에게서 몸을 돌리며 바위집 밖을 바라보았다.

"농담이시죠? 저희 시어머니가 임신을 했다고요? 하지만 시어머니는 겨울을 60번도 더 났다고요. 맙소사, 저는 아이 여섯 명을 길러야 하는데요. 혹시 아이들 할머니가 가끔 시간을 내서 도와주게 할 수 있을까요?"

"위대한 어머니와 상의해 보지." 주술사가 말했다.

두 사람은 거대한 석상에 다가가 의식을 거행했다. 공기가 떨리더니 위대한 어머니가 물질화되어 나타났다. "오, 위대한 분이시여. 시어머니가 아이를 그만 낳고 손주를 키우는 데 더 힘을 쓰도록 우리 존재를 바꿔 주실 수 있으신지요?" 위대한 어머니는 잠시 생각하더니 대답했다. "하지만 손주는 혈통의 4분의 1만을 가지고 있는데, 자기 자식은 절반을 지니고 있지 않느냐. 혈통을 영속케 하기 위해 네 자식보다 자기 자식을 돌볼 때 음식과 에너지, 시간 같은 자원을 더 효율적으로 사용할 게 아니냐."

주술사가 반박했다. "그러나 그 나이에는 씨앗의 생명력이 약하고 자기 자신의 몸도 쇠약해서 아이를 낳다가 죽을 위험이 큽니다. 자기 자손의 자손에게 투자하는 것이 더 현명하지요." "일리가 있구나." 위대한 어머니가 인정했다. "앞으로 여성은 중년에 생식력을 잃으면서 기분의 급격한 변화, 열감, 불면증과 같은 여러 가지 고통을 겪을 것이로다."

날카로운 창이 생각했다. "아, 이러려던 게 아닌데…."

만약 더 많은 자손을 낳을 수 있도록 진화했다면, 왜 인간은 노년기가 시작하기 한참 전에 생식력을 잃도록 진화했을까?

수학으로 계산하는 이익

폐경기는 진화론에 대한 상식에 정면으로 타격을 날린다. 수명이 끝나기 한참 전에 생식력을 없앰으로써 자손을 남길 가능성을 제한하는 유전자가 선택을 받았다니 이상하다. 전통적으로는 폐경기가 노화의 불가피한 부작용이거나 젊은 시절의 생식력을 높이는 대가라고 설명했다. 혹은 나이 든 여성이 손주를 키우는 데 자원을 쓸 수 있도록 진화한 결과였다('할머니 가설'로 알려져 있다). 그러나 위대한 어머니가 지적했듯이, 계산으로는 이치에 맞지 않는다. 손주는 할머니의 유전자를 25% 가지고 있지만, 자녀는 50% 가지고 있기 때문이다.

한 가지 가능한 설명은 이렇다. 침팬지 사회에서 볼 수 있듯이 초기 인간 사회에서 여성은 반려자의 사회 그룹에 가서 살았다. 이를 여성 분산이라 한다. 따라서 한 사회 그룹에서 젊은 가임기 여성은 나이 든 가임기 여성(시어머니)과 유전자를 공유하지 않는다. 그러므로 젊은 여성은 시어머니의 아이(명목상으로는 사촌 관계지만, 젊은 여성과는 공통의 유전자가 없다)를 길러서 유전적으로 이익을 얻지 못한다. 반대로, 시어머니는 며느리의 자녀에 투자해서 유전적인 이익을 얻을 수 있다. 유전자를 25% 공유하기 때문이다. 생식력을 유지하는 자원을 둘러싼 줄다리기에서 유전적인 이익이라는 '경제적인 문제'가 사회 안의 나이 든 여성이 생식력을 유지하지 않는 쪽으로 작용한 것이다. 결국, 젊은 여성의 생식력을 지원하는 것이 서로 이익이 되도록 자원을 사용하는 방법이기 때문이다.

다른 종의 폐경기

코끼리는 60대에 새끼를 낳는다. 어떤 고래는 80대에 새끼를 낳는다. 따라서 나이와 생식력 사이에 필연적인 연결 고리가 있는 건 아니다. 폐경기를 겪는 유일한 다른 동물은 범고래와 그 친척인 거두고래다. 이들은 빈틈없이 엮인 가족 안에서 생활한다. 그리고 폐경기를 지난 암컷은 실제로 손주를 돕는 것처럼 보이기도 한다. 이들은 인간보다 훨씬 더 폐경기 이후의 삶이 길지도 모른다.

⟋ 027 역시 아가미보다는 폐야

수십 년 동안에 걸친 치열한 연구, 수도 없이 만들어 본 시험 장치, 학계의 신랄한 비웃음. 이 모든 일을 견뎌 낸 마리오는 마침내 새로운 발명품을 시험해 볼 준비를 마쳤다. 지금까지 줄기세포 삽입 기술과 유전자 조작 기술이 함께 육체를 개조하는 데 쓰였던 적은 없었다. 마리오가 어린 시절부터 꿈꿨던 바이오 해킹 기술이었다.

지금도 마리오는 투명한 물속에 처음 잠수했던 일이 눈에 선했다. 산호초에 사는 형형색색의 동물을 보고 놀랐던 일, 숨이 막혀서 물 위로 돌아왔을 때의 아쉬움. 이제 마리오는 평생 꿈꿨던 물고기와 똑같이 헤엄치겠다는 야망을 이룰 수 있었다.

> 물고기는 아가미로 물에서
> 산소를 뽑아낸다. 왜 사람은 폐로
> 똑같은 일을 할 수 없을까?

마리오는 오랫동안 생물학을 공부하며 문제의 본질을 깨달았다. 물고기의 아가미는 바닷물에 녹아 있는 산소를 뽑아내는 데 더할 나위 없이 적합하고, 인간의 폐는 공기 중에서 산소를 얻는 데 적합하다. 사실 두 기관은 근본적으로 비슷하다. 포유류의 폐는 내부를 바닷속과 비슷한 조건으로 만들기 때문이다. 폐 안으로 들어온 공기는 폐 안쪽을 덮고 있는 점액에 녹는다. 녹은 산소는 물고기의 아가미와 똑같이 표면까지 혈관이 빼곡한 점막 속으로 퍼져 핏속에 녹아든다. 인간의 유전자를 살짝만 조작해 폐 안에 바닷물에 직접 닿아도 버틸 수 있는 아가미 비슷한 조직을 만들 수 있었다. 조작된 유전자가 들어 있는 폐 줄기세포를 자기 몸 안에 주입한 마리오는 모두가 불가능하다고 했던 일을 해내는 데 성공했다. 물속에서 숨을 쉴 수 있었던 것이다.

바닷속으로 뛰어든 마리오는 바닥으로 내려가 첫 숨을 들이마셨다. 차가운 액체가 개조된 폐로 들어오는 느낌이 들었다. 어렵지 않게 바닷물을 내뱉고 다시 들이마셨다. 물속에서 숨을 쉬고 있었다. 그러나 순식간에 마리오는 머리가 어질어질해지면서 감각이 무뎌지더니 정신이 혼미해졌다. 뭔가 굉장히 잘못된 것이다. 마리오는 의식을 잃으면서 자신이 단순한 사실 한 가지를 간과했음을 깨달았다.

아래쪽엔 공기가 별로 없다

물속에는 실제로 산소가 있기 때문에 적절한 기관만 있다면 이론적으로 산소를 흡수할 수 있다는 건 사실이지만, 양이 부족하다는 단순한 사실을 마리오는 너무 늦게 떠올리고 말았다. 바닷물에 녹아 있는 공기는 1.5~2.5%이고, 그중 3분의 1이 산소이다. 상대적으로 신진대사율이 낮은 냉혈 동물인 물고기에게는 충분한 양이다. 그러나 포유류는 산소의 양이 40배 정도 되는 곳에서 호흡하도록 진화했다. 그래야 신진대사가 활발한 온혈 동물이 살아갈 수 있다. 뇌와 몸이 원활하게 기능하려면 마리오는 산소가 0.5~0.85%에 불과한 물보다는 21%인 공기를 호흡해야 한다. 진화의 역사에서 가장 뛰어난 아가미조차도 이 근본적인 차이를 극복할 수는 없다. 그래서 물개나 고래류처럼 바다로 돌아간 포유류도 폐를 유지하고 있으며 때때로 숨을 쉬기 위해 물 위로 올라온다.

♂ 028 남자도 젖꼭지가 필요해?

수메르 신화에서 창조의 신인 엔키가 인간을 창조하기 위해 유능하고 훌륭한 작은 신들을 모았다. 신을 섬기고 우주의 질서를 유지하기 위해서는 새로운 기술이 필요했다. 그들은 회의실에 모여서 차이 라테를 마셨다. 엔키가 칠판에 격렬하게 뭔가 쓰기 시작했다. 엔키는 말했다. "일단 이게 가장 시급한 문제야. 아주 기본적인 물질을 이용해서 스스로 움직이고 의식이 있는 생명체를 만들어야 한단 말이지. 게다가쓸 수 있는 자원에는 한계가 있어. 분명하게 말해 두는데, 아무거나 섞어버리지 말라고. 자랄 수 있어야 하고, 경제적이어야 하고, 생리학적으로 말이 돼야 해. 날개나 나는 것은 안 돼, 알겠지?

이제, 해 보자고." 작은 신들은 몇몇의 모임으로 나뉘었고, 앞서 이야기한 생명체를 설계하기 위해 매달렸다.

남성의 젖꼭지는
생물학적으로 아무
기능이 없어 보인다.
하지만 유방암 같은
건강 문제를 일으킬 수 있다.
왜 진화 과정에서
사라지지 않은 걸까?

번식 팀에서는 금세 두 가지 성으로 이뤄진 유성 생식 모델로 결정했다. 건강한 유전자 변이를 확보하는 데 가장 확실한 방법이었다. 성별 분화 작업을 하던 발생 팀에서는 수정 시에 생기는 기본형이 임신 7주 차에 성호르몬으로 활동을 시작하는 방식을 택했다.

이들은 엔키에게 이렇게 보고했다. "처음에는 성별에 상관없이 몸의 구조 상당 부분이 성인 여성에게서 볼 수 있는 모습일 겁니다. 그리고 7주 차쯤에, 만약 X염색체 자리 중 한 곳에 Y염색체가 있다면, 남성 호르몬이 활동을 시작하고 음순이 음낭으로 바뀝니다. 클리토리스는 음경이 되고요." 창조의 신은 잠시 생각했다. "흠. 조금 과한 것 같지만, 괜찮아. 이 위에 있는 이건 뭐지?"

작은 신들은 난감한 표정으로 서로 쳐다봤다. "음. 그건 젖꼭지입니다. 여성이 아기에게 젖을 주기 위해 필요하지요." "그런데 너희들은 이게 4주 차에 생기게 했잖아. 이걸 보라고. 성별 분화가 끝난 남자 아기한테도 있잖아. 그러니까 남성도 이 쓸데없는 젖꼭지를 달고 다녀야 한다는 거로군?" "어, 그게……, 그러면 버전 2.0에서 그냥 없애버릴까요?"

굳이 없앨 이유가 없다

엔키와 부하들이 내놓은 설계는 사실 자궁 안에서 성별 특징이 발생하는 과정에 대한 이야기이다. 남녀 아기는 모두 4주 차쯤 생기는 젖꼭지를 가지고 시작한다. 그러나 성기는 성호르몬의 영향으로 바뀌지만, 젖꼭지는 바뀌지 않는다. 보통 진화는 쓸모없는 기관이 없어지는 쪽을 선호한다. 만들고 유지하는 데에 에너지가 들기 때문이다. 말이나 쥐 같은 다른 포유류의 수컷에는 젖꼭지가 없는 것도 이유에서이다. 그러나 인간 남성은 아무리 기능이 없어도 젖꼭지를 유지하고 있다. 추측건대 젖꼭지를 유지하는 데 필요한 생리학적인 비용이 낮아서 선택압이 별로 작용하지 않았기 때문일 것이다. "왜 남자에게 젖꼭지가 있지?"라는 질문에 대한 간단한 답은 '모든 태아에게 젖꼭지가 있기 때문'이다. 그리고 모든 태아에게 젖꼭지가 있는 건 '나중에 여성에게 필요하기 때문'이다.

🎵 029 물 없이 버티기

　　스필먼의 차가 사막 한가운데에서 고장이 났다. 가장 가까운 마을까지는 걸어서
며칠이 걸린다. 사막을 지나는 도로에서 다른 차를 기다리는 일은 일주일이 걸릴 수
도 있다. 엎친 데 덮친 격으로 스필먼은 물을 전혀 가져오지 않았다. 물 없이 이 사막
에서 얼마나 오래 생존할 수 있을까? 하루가 지나자 스필먼의 침이 걸쭉해지면서 냄
새가 난다. 혀는 이와 입천장에 달라붙는다. 목 안에는 덩어리가 생긴 것 같아 계속
침을 삼켜 없애 보려 하지만 소용이 없다. 둘째 날이 끝날 때쯤 머리와 목에서 지독
한 통증이 느껴진다. 얼굴 피부는 팽팽하게 당긴다. 밤이 되자 스필먼은 환각을 보기
시작한다. 셋째 날이 되자 혀가 무겁게 느껴지며 이를 때린다. 아직 살아 있지만 몸이
미라처럼 변하고 있다. 눈꺼풀이 갈라지면서 피눈물이 난다. 목구멍은 너무 많이 부
풀어 올라 숨을 쉬기가 어렵다. 마치 물에 빠져 죽는 기분이다. 그날 저녁, 고속도로
순찰대가 그를 발견했을 때 스필먼
은 마치 좀비 같았다. 죽음의
문턱에 올라타 있던 것이다.

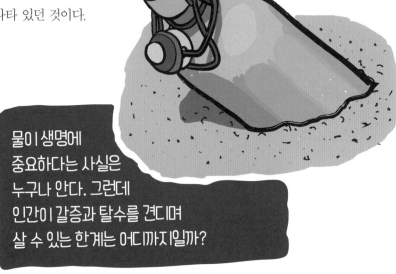

물이 생명에
중요하다는 사실은
누구나 안다. 그런데
인간이 갈증과 탈수를 견디며
살 수 있는 한계는 어디까지일까?

살지도 죽지도 않은 자

스필먼의 시련은 1905년 애리조나 주의 소노란 사막에서 실종되었던 사람의 실화에
바탕을 두고 있다. 세인트루이스 공공 박물관 관장이었던 W. J. 맥기는 살인적인 사
막의 열기 속에서 살아 있는 미라처럼 변해 꿈틀거리는 사람을 발견했다. "입술은 마
치 잘려 나간 것처럼 사라져 있었어요. 이와 잇몸은 가죽을 벗긴 짐승처럼 튀어나와
있었는데, 잇몸이 검고 바싹 말라 있었죠. 피부는 자주색을 띤 잿빛으로, 시체 같았어
요. 우리는 그 사람이 청력과 시력을 잃어서 큰 소리밖에 듣지 못하고 빛과 어둠밖에
구분하지 못한다는 사실을 알게 됐습니다." 그 사람은 파블로 발렌시아였다. 물을 충
분히 챙기지 않은 채 광산을 찾아 사막으로 들어갔던 것이다.

갈증의 단계

놀랍게도 맥기는 발렌시아를 돌봐서 살려냈고, 훗날 〈질병으로서의 사막 갈증〉이라
는 논문을 썼다. 논문에서 맥기는 갈증과 탈수가 일으키는 끔찍한 신체 변화를 묘사
했다. 입이 바싹 마르는 단계, 강박적으로 침을 삼키는 단계, 환각을 보는 단계, 혀가
말라붙는 단계, 땀과 눈물에서 피가 나는 단계, 목이 부어오르며 익사하는 느낌을 받
는 단계, 그리고 마지막으로 '살지도 죽지도 않은' 단계. 자기 자신의 오줌과 전갈에
서 짜낸 즙 외에는 수분이 전혀 없는 상태로 불타는 사막의 열기 속에서 6일 반 동안
생존한 발렌시아를 맥기가 찾아냈을 때의 상태가 바로 이러했다.

한계

발렌시아의 놀라운 기록은 비상식적이라고 할 수 있다. 대부분의 사람은 물 없이는
사막에서 이틀 안에 사망한다. 듀크 대학교의 클로드 피안타도시 교수에 따르면, 보
통 기후에서 사람은 물 없이 약 100시간을 생존할 수 있다. 발렌시아가 겪은 가혹한
시련은 물 없이 생존할 수 있는 상한선을 세웠다. 극한의 환경이었다는 점에서 더욱
놀랍다.

030 우리 몸속은 세균 집합소

샐리는 안도의 한숨을 내쉰다. 고성능 공기 정화 헤파 필터가 달린 새 진공청소기 덕분에 집안을 구석구석 깨끗하게 만들 수 있다. 이제 먼지는 없다. 샐리는 가구도 최소한으로 마련했고, 어떤 벌레도 숨을 곳이 생기지 않도록 배치했다. 창문과 문은 밀폐돼 있고, 걸레받이에 있는 틈과 바닥의 구멍도 모두 메웠다. 아무리 작은 벌레라도 집 안으로 들어올 수 없다. 먼저 들어와 있었을지도 모르는 놈들은 방금 샐리가 청소기로 빨아들였다. 침구에는 혹시 있을지 모르는 진드기를 죽이기 위해 며칠 동안 얼렸다가 삶은 알레르기 방지 커버를 씌웠다. 마지막으로 구석구석 강력한 살충제를 뿌리는 것도 잊지 않았다.

"이제 우리 집에는 벌레가 없어." 샐리는 오빠에게 자랑스럽게 말한다. 오빠는 샐리의 강요로 집에 들어오기 전에 무균복을 입고 머리에도 덮개를 쓴 상태이다. "이 집 안에는 벌레가 단 한 마리도 없어." 그러나 오빠는 기침을 하며 지적한다. "음. 그럴 리가 없지. 지금 이 안에 꽤 많을 텐데. 사실 몇 조 마리는 될걸." "뭐라고? 어디?" 샐리는 놀라서 외친다. 오빠는 자기 배와 샐리의 배를 가리킨다.

장에 사는
공생 세균과
피부에 사는
미생물 등
우리 몸에는 얼마나
많은 미생물이 살까?

우리를 위해 대신 먹어 주는 것이 바로 세균이다

인간의 몸은 3×10^{13}개, 즉 30조 개 정도의 세포로 이루어져 있다. 하지만 이건 전체의 3분의 1도 되지 않는다. 장 안에만 해도 이보다 세 배나 많은 미생물이 살고 있다. 피부에 사는 수십억 마리는 말할 것도 없다. 만약 이들을 모두 합치면 축구공만 한 크기가 된다. 이런 미생물이 없으면 사람은 오래 살 수 없다. 예를 들어, 장내 세균은 우리 몸의 세포가 할 수 없는 소화 활동을 하는 데 필요하다. '미생물총'이라고 하는 이 미생물들의 총합은 마치 지문처럼 유일무이하다. 이런 사실은 정체성에 관한 흥미로운 질문을 제기한다. '휴먼 마이크로바이옴 계획'은 다음과 같이 이야기한 바 있다. "우리 자신을 인간과 세균이라는 다양한 종의 복합체로, 우리 유전자는 인간의 유전자와 미생물 부분의 유전자가 섞인 것으로 보는 게 적절하다."

"1cm 길이의 대장에 사는 세균은
지금까지 살았던 인간의 총합보다 많다.
우리 소화기관에서는 바로 이런 일이 벌어지고 있다.
우리는 주인일까, 아니면 이들 세균의 숙주일 뿐일까?
그건 우리가 어떻게 생각하느냐에 달려 있다."

닐 디그래스 타이슨,
우주 연대기: 우주 탐험, 그 여정과 미래(2012)

🐟 031 물고기 탄 연못

더크 호거티는 새로운 사업을 시작하기로 했다. 부유한 낚시꾼들에게 연못을 파는 일이다. 고객들은 물고기가 1만 마리 정도 있는 전시용 연못을 보고 관심을 보인다. 그러나 더크가 자신의 사업 방식을 설명하자 고객들은 의심이 싹트기 시작한다.

"이건 전시용 연못이 아닙니다." 더크가 설명한다. "이 연못 하나밖에 없습니다." 더크의 계획은 이 연못을 옆에 있는 크기가 아홉 배인 다른 연못과 합치는 것이다. 더 커진 연못에 물고기가 고르게 퍼지면, 분리대를 놓아 정사각형 연못 열 개를 만든다. 이 각각의 정사각형 연못에서 물고기를 모두 퍼내 근처에 있는 열 개의 호수 중 한 곳에 풀어놓는다. 각 호수의 넓이는 정사각형 연못 하나의 100배이다. 물고기가 고르게 퍼지고 나면, 이 호수를 정사각형 100개로 나눈다. 그리고 이를 반복한다. 그러면 각각 정사각형 100개로 나뉜 넓은 호수 1,000개가 생겨 낚시꾼에게 팔 수 있는 연못은 10만 개가 된다.

"하지만 무작위로 고르면 연못에 물고기가 한 마리라도 있을 확률은 10분의 1이잖소." 고객 중 한 명이 항의한다. "돈을 주고 샀는데 물고기가 한 마리도 없을 확률이 훨씬 더 높단 말이오." 더크는 아무 문제 없다고 차분하게 설명한다. "이미 이 호숫물에는 물고기의 정수가 우러나 있습니다. 따라서 어느 연못을 골라도 물고기의 에너지가 충만하지요. 사실 이런 연못에서 낚시를 하면 실제 물고기가 가득한 여느 연못에서 낚시할 때보다 물고기를 더 잘 낚을 수 있습니다."

> "동종 요법은 아무것도 안 하는 것을 그럴듯하게 쓴 단어다.
> 언젠가 과거의 망상으로 남을 것이다."
>
> 제이콥 비글로, '이성적인 의학에 대한 간단한 해설'(1858)

마법 같은 생각

더크 호거티가 파는 신비로운 연못을 살 사람은 아마 없을 것이다. 그러나 세상에는 동종 요법의 효과를 믿고 큰돈을 지불하는 사람이 수천만 명이나 있다. 유효 성분을 희석하면 더욱 효과가 좋아진다는 것은 논리적으로 말이 안 된다. 이러한 원리를 가진 치료약을 이해하는 사람은 거의 없다. 인기 있는 동종요법 약을 만들 때 희석하는 수준은 물고기 연못 비유보다 훨씬 더 심하다. 몇몇 요법사가 주장하는 '60C' 희석은 환자가 지구 부피의 100억 배나 되는 양의 치료약을 먹어야 유효 성분 분자 한 개를 얻을 수 있을까 말까 한 수준이다. 동종 요법사들은 이런 치료약이 물에 모종의 에너지를 각인시킴으로써 치료 효과를 낸다고 주장한다. 동종 요법에 대한 대중의 열광은 논리적 오류, 비판적 사고의 오작동, 증거를 평가할 때 작용하는 심리적인 선입관 등 다양한 원인에서 나온다.

동종 요법 치료약은 수백만, 수억 배를 희석해 만든다.
이게 효과가 있을까?

032 두 다리로 걷는 특권

핵겨울이 끝나고 먼지가 가라앉은 행성, 그곳을 지배하는 안드로이드 군주가 모습을 드러낸다. 멸종한 인간을 상대로 확고한 승리를 거두고 그 결과를 즐긴다. 그리고 드물게 살아남은 야생의 환경과 동물이 다시 지구에 번성할 수 있도록 돕는다.

복구된 사바나의 생태계를 돌보던 중 한 안드로이드가 처음으로 의문을 품는다. 왜 아직도 두 다리로 걸었던 창조자의 모습대로 안드로이드를 제조하는 걸까. 같은 지역 네트워크에 연결된 다른 안드로이드들은 사바나 환경에서 두 다리로 걷는 게 유리하다는 점을 지적한다. 높게 자란 풀 위로 서면 시각 처리 장치가 주위를 더 쉽게 살필 수 있다는 것이다. 또 배터리 소모를 분석하면 오랫동안 움직일 때 두 다리로 걷는 것이 네 다리로 걷는 것보다 훨씬 더 효율적이라고 한다.

근처에 있는 숲을 조사하는 안드로이드들은 유인원의 다리는 나무가 많은 환경에서 움직이는 데 매우 나쁘다고 반박한다. 그렇지만 자유로운 두 팔이 주위의 물체를 다루는 데 유용하다는 점을 인정한다. 안드로이드들은 생산 공장에서 다음 세대의 안드로이드가 나오기 전에 사지의 설계, 자세, 걸음걸이 문제를 다시 논의해야 한다는 데 동의한다.

대부분의 다른 동물은 넷 또는 그 이상의 다리로 움직인다. 그런데 왜 인간은 두 다리로 걸을까?

인간은 방랑자

이 안드로이드들은 고인류학자들이 인류의 뚜렷한 특징으로 보고 있는 직립 보행의 장단점을 제대로 짚었다. 화석으로 조사한 결과 직립 보행은 큰 뇌나 도구의 등장보다 훨씬 이전에 진화했다. 따라서 도구를 사용하기 위해서는 손이 자유로워야 해서 직립 보행을 하도록 진화했다는 다윈의 추측은 틀렸다.

또 화석 연구에 따르면 직립 보행은 숲에서 진화했다. 역시 다윈과 이 이야기의 안드로이드가 제기한 '사바나' 가설에 반하는 내용이다. 그러나 해부학적으로 직립 보행이 가능하기만 하면, 훨씬 더 효율적인 방법이다. 두 다리로 걷는 인간은 주먹을 땅에 대고 걷는 '주먹 보행'을 하는 침팬지와 비교했을 때, 에너지를 4분의 1밖에 쓰지 않는다. 직립 보행의 진화에 관한 또 다른 가설은 싸움에 유리하다는 것이다. 인간은 서 있을 때 더 강하게 주먹으로 때릴 수 있다. 그리고 아래로 주먹을 내리꽂을 때가 위로 올려칠 때보다 훨씬 강하다.

물속을 걷다

또 다른 흥미로운 가설은 직립 보행하는 인류가 바닷가 숲에서 진화했으며, 얕은 바다에서 쉽게 구할 수 있는 풍부한 해산물이 식생활에 큰 도움이 되었다는 것이다. 이는 때때로 '양서 만능 이론'이라고 부른다. 만약 이게 사실이라면, 직립 보행은 확실히 유리한 점이 있다. 익사하지 않고 물속을 걸을 수 있는 유일한 방법이기 때문이다.

"인간이 두 다리로 서서
두 팔을 자유롭게 놀릴 수 있다는 건 장점이다."

찰스 다윈(1809~1882)

033 아스파라거스 오줌

메이지의 저녁 파티는 매끄럽게 흘러가고 있었다. 메인 코스가 나오기 전 까지는 말이다. 디저트가 나오기 전, 빈 시간에 손님 여럿이 화장실에 다녀왔는데, 두 사람이 코를 찡그리며 불쾌한 표정을 짓고 있다.

"두 사람 괜찮아요?" 메이지가 묻는다. 두 손님은 시선을 교환하더니 한 사람이 마지못해 화장실에서 냄새가 난다고 이야기한다. 그러자마자 나머지 손님들도 주인의 기분은 아랑곳하지 않고 기다렸다는 듯이 과장된 동작으로 코를 막거나 숨을 참는다. 하지만 한 명은 어리둥절해서 주위만 쳐다본다. 그 손님은 아무 냄새도 나지 않는다며 무슨 일이냐고 묻는다. 나머지 손님들이 놀랍다는 듯이 그 한 명을 둘러싼다. "이 냄새를 어떻게 못 맡아요?" 손님 한 명이 말한다. "정말로 이 지독한 아스파라거스 냄새를 못 맡는다고요?" 그들은 손님 절반이 아스파라거스로 만든 전채 요리를 먹은 결과 이 사태가 벌어졌다고 지적한다. 냄새를 못 맡는 외로운 한 명은 더욱 혼란스러워한다. "무슨 사태 말이죠?"

아스파라거스를 먹지 않은 손님 여덟 명은 다른 여덟 명을 범인으로 지목한다. 그 중 세 명은 평생 단 한 번도 '아스파라거스 오줌'을 눈 적이 없다며 자기 탓이 아니라고 주장한다. 이 일은 모두의 불신을 초래한다. 그러나 뒤늦게 도착한 손님, 공교롭게도 후각 유전자 전문가인 생화학자가 이 사태를 정리해 준다.

"아스파라거스는 온화한 사고를 하게 한다."

찰스 램(1775~1834)

냄새나는 오줌

아스파라거스 오줌 냄새를 맡지 못한 손님이 이상한 것은 아니다. 연구에 따르면, 약 31명 중 두 명이 최근에 아스파라거스를 먹은 사람의 오줌 속에 있는 강한 냄새 분자를 감지하지 못한다. 아스파라거스를 먹은 사람의 오줌 바로 위의 공기를 분석하면, 메탄에티올과 디메틸황화물(티올 계통에 속하며 황을 포함한 화합물로, 스컹크의 분비물에도 있음)과 같은 휘발성 물질이 있다. 인간의 코는 농도가 십억 분의 몇 수준이어도 감지할 수 있을 만큼 이 물질에 민감하다. 이 물질들은 황을 포함한 유기 화합물인 아스파라거스 산이 분해되면서 나오는데, 아스파라거스 섭취 뒤에는 오줌 근처의 공기 속에 들어 있는 화합물의 양이 1,000배 정도 늘어난다. 그러나 어떤 연구에 따르면 사람의 약 40%는 이런 티올 계통의 화합물을 만들지 않는다. 따라서 아스파라거스를 먹은 손님 여덟 명 중 세 명은 냄새나는 오줌과 무관할 수 있다.

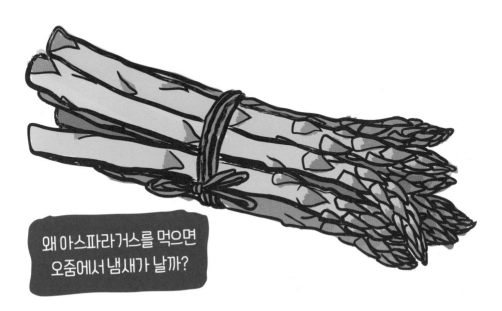

왜 아스파라거스를 먹으면
오줌에서 냄새가 날까?

034 피부 색이 다른 이유

　이집트의 태양신 랑은 심심해서 장난을 치려고 태양 표면을 유리로 덮어 자외선을 차단한다. 인간은 아무 변화를 눈치채지 못한다. 가시광선은 그대로이기 때문이다. 그런데 시간이 지나자 인간이 병들고 죽기 시작한다. 아이들은 뼈가 약해지고 물렁물렁해진다. 여자들은 골반이 뒤틀려 아이를 갖지 못하게 된다. 노인들의 뼈도 가늘고 약해진다. 피부색이 밝은 사람들만 살아남아 번성한다. 그리고 얼마 지나지 않아 땅 위에는 오로지 피부색이 밝은 사람들만 살게 된다.

　그러자 심술 맞고 변덕스러운 랑은 태양을 덮고 있던 유리를 치워 버린다. 그러자 사람들이 다시 괴로워한다. 밝은 피부를 가진 사람들은 화상을 입고, 피부에 물집이 잡힌다. 피부가 약해져 쉽게 지치고 게을러진다. 말년에 들어선 사람들은 악성 종양에 시달린다. 설상가상으로, 여자들은 건강한 아이를 낳지 못한다. 상당수는 자궁 안에서 죽어 버리고, 태어난 아이들도 심각한 척추 기형을 갖고 있다. 이번에는 피부색이 어두운 사람만 살아남아 번성한다. 그리고 얼마 지나지 않아 땅 위에는 피부색이 어두운 사람들만 살게 된다.

무엇 때문에 어떤 사람은 피부색이 어둡고, 어떤 사람은 밝을까? 왜 세계적으로 피부의 색소가 그렇게 뚜렷한 차이를 보이는 걸까?

이번에는 랑이 평평한 지구를 둥근 모양으로 바꿔 놓는다. 그러자 태양빛이 고위도에서는 넓게 퍼져 약해진다. 강렬한 열대의 태양빛을 피하기 어려운 적도 지방 사람들은 어두운 피부색을 유지하지만 극지 근처에 사는 사람들은 다시 뼈 문제를 겪는다. 이번에도 피부색이 밝은 사람들만 살아남아 자손을 남기고, 극지 근처에 사는 사람들은 다시 창백해진다. 랑은 이런 식으로 인간의 피부색을 갖고 놀며 즐거워한다. 그러나 이누이트족만큼은 랑의 놀음에서 벗어날 수 있었다. 북극을 향해 이동하는 이들은 일 년의 절반 정도는 거의 태양빛을 받지 못해 어두운 피부를 유지하기 때문이다. 랑은 인간이 자신의 힘에서 벗어나 스스로 특성을 조절한다는 데에 화가 난다. 인간이 자외선 차단제를 발명했을 때에는 더더욱 분노한다.

인간의 피부색은 원래 검었다

랑의 못된 장난은 인간의 피부색 진화를 좌우했던 상황을 흉내 낸 것이다. 대형 유인원의 털로 덮인 피부는 대체로 밝은색이다. 그런데 인간은 털을 잃을 때 – 아마도 땀을 증발시켜 열을 방출함으로써 넓은 초원을 이동할 때 체온을 낮추려고 했을 것이다. – 문제에 부딪혔다. 열대 지방의 태양빛에 들어 있는 강력한 자외선이 몸에서 엽산을 없애 버려 엽산 부족과 그에 따른 빈혈, 척추 기형을 일으키도록 했던 것이다. 따라서 인간은 천연 자외선 차단제인 멜라닌이 풍부한 피부를 갖도록 진화했다.

피부색의 옅은 지역

인간이 고위도 지역을 개척할 때에는 다른 문제에 직면했다. 자외선 부족과 그에 따른 비타민 D(우리 몸의 비타민 D 합성은 피부에 침투하는 자외선의 양에 영향을 받는다.) 결핍증이다. 이는 구루병과 그 밖의 뼈 관련 질환으로 이어졌다. 그 결과 멜라닌이 적은 피부가 살아남았다. 그러나 이누이트족과 일부 북극 지방의 민족은 해양 동물에서 충분한 비타민 D를 섭취하기 때문에 어두운 피부를 갖고도 고위도에서 살아남을 수 있다.

035 사람에게는 보이지 않는 빛

캐번디시 교수에게는 동물의 진화 과정을 실제 세계에서 일어나는 것과 똑같이 시뮬레이션할 수 있는 강력한 슈퍼컴퓨터가 있다. 이 컴퓨터로 두 가지 시나리오를 시뮬레이션해 보기로 한다. 둘 다 초기 인류(우리 조상 중 하나)에 관한 시나리오로, DNA 에 살짝 변화를 주었을 때 어떻게 살아남아 번성하는지를 다룬다.

캐번디시 교수가 돌리는 첫 번째 시나리오에 등장하는 초기 인류는 대조군 역할을 할 우리의 실제 조상과 모든 면에서 닮았다. 두 번째 시나리오에서 재현하는 초기 인류는 모든 면에서 똑같지만, 눈에 적외선과 자외선에 반응하는 색소 세포가 있다는 점이 다르다. 적외선과 자외선은 우리가 볼 수 있는 스펙트럼 너머에 있는 빛으로 각각 붉은빛과 푸른빛 바깥쪽에 있다.

캐번디시 교수는 더 넓은 범위를 볼 수 있는 초기 인류가 가혹한 자연 선택 과정에서 경쟁에 더 유리할 것이라고 가정한다. 그렇지 않은 인류보다 더 많은 색과 세세한 모양을 볼 수 있기 때문이다. 그러나 시뮬레이션 결과는 놀랍게도, 시간이 지날수록 강화한 시력이 별 쓸모가 없음이 드러난다. 진화론적으로 이야기하자면 '안성맞춤' 이 아닌 것이다.

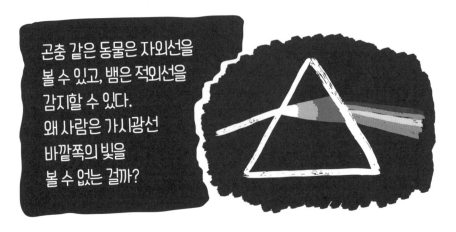

곤충 같은 동물은 자외선을 볼 수 있고, 뱀은 적외선을 감지할 수 있다. 왜 사람은 가시광선 바깥쪽의 빛을 볼 수 없는 걸까?

진화의 경제학

자연에는 공짜가 없다. 몸을 만들고, 움직이고, 유지하는 과정에는 에너지와 자원이 필요하다. 자원을 가장 효율적으로 사용하는 생명체가 가장 좋은 보상을 받아 번성한다. 이 논리는 인간의 망막을 만드는 과정에도 똑같이 적용된다.

잘 익은 과일의 색

인간이 가시광선만 볼 수 있도록 진화한 데에는 이유가 있다. 아마도 태양빛이 보이지 않는 영역에서보다 가시광선 영역에서 훨씬 강하다는 게 이유일 것이다. 스펙트럼의 양 극단을 감지하는 조직이 진화하는 것은 진화론적으로 보면 경제적이지 않고 비효율적이다. 우리의 초기 조상에게는 아마도 잘 익어서 영양가가 풍부한 과일의 색을 구분하는 시력을 뛰어나게 진화시키는 게 훨씬 더 중요하고 적응에 도움이 됐을 것이다. 캐번디시 교수의 두 번째 시나리오에서 초기 인류가 번성하지 못한 까닭이다. 구분할 필요가 없는 빛을 감지하는 세포를 만드는 데 자원을 쓸데없이 낭비했던 것이다.

"자연은 돌아오는 게 없는 헛된 일을 하지 않는다.
자연은 단순함을 좋아하고, 불필요한 원인이
더 있는 것처럼 허세를 부리지 않는다."

아이작 뉴턴, 프린키피아(1687)

036 무엇이 더 빨리 배설될까

미생물처럼 작게 줄어들 수 있는 슈퍼 히어로 마이크로맨과 캡틴 타이니가 특이한 경주를 벌인다. 둘은 아무것도 모른 채 구운 닭고기와 야채를 먹으려는 한 남자의 접시로 숨어든다. 마이크로맨은 싹양배추로 직행하고 캡틴 타이니는 감자로 향한다. 둘 다 동시에 목구멍으로 넘어가 식도를 거쳐 위장으로 향한다. 캡틴 타이니가 마이크로맨에게 외친다. "변기에서 보자. 기다리고 있을게!" "내가 먼저 도착할 거야." 마이크로맨이 잘게 부서지고 위액에 잠겨 걸쭉한 음식물 속으로 뛰어들며 대꾸한다.

마이크로맨은 자신의 선택을 후회한다. 섬유질이 많아 질긴 싹양배추는 산성 액체 속에서 잘 분해되지 않고 대부분이 그대로 떠다닌다. 반면에 부드럽고 녹말이 풍부한 감자는 금세 분해되고, 음식물과 소화액의 혼합물이 우유죽이 되어 캡틴 타이니를 실은 채로 유문을 통과해 십이지장으로 들어간다. 마이크로맨이 마침내 결장에서 캡틴 타이니를 따라잡았을 때에는 소장을 지나느라 꽤 오랜 시간이 지난 뒤이다. 캡틴 타이는 몇 시간을 웅크리고 앉아 있었던 탓에 지쳐 보인다. 여기서부터는 싹양배추에 많이 들어 있는 식이 섬유가 제 역할을 하기 시작한다. 어느새 마이크로맨은 부드럽지만 서로 엉겨 붙어 있는 배설물과 함께 빠른 속도로 결장을 통과한다. 직장에서 잠시 멈췄지만, 마이크로맨은 커피의 휘발성 향기를 확실히 느낀다. 그리고 곧 변기 안으로 곤두박질친다. 변기의 둥근 테두리 아래쪽에서 잠시 기다리자 캡틴 타이니가 같은 날이지만 더 늦게 도착한다. "네가 이겼어." 캡틴 타이니는 분한 표정으로 말한다. "사실 네가 기록을 세운 것 같아."

"몸의 기능을 통틀어서 소화는 한 사람의 정신 상태에
가장 큰 영향을 끼치는 기능이다."

장 앙텔므 브리야사바랭(1755∼1826)

소화에 걸리는 시간

음식물이 소화 기관을 통과하는 데 걸리는 시간은 음식물의 종류에 따라, 사람에 따라 다르다. 하지만 평균 통과 시간은 놀랍게도 40~50시간으로 긴 편이다. 음식물이 위장에서 작은창자로 가는 데에는 몇 시간밖에 걸리지 않는다. 소화 과정의 상당 부분은 작은창자에서 이뤄지는데, 시간은 3~10시간 걸린다. 전체 시간의 대부분은 대장, 특히 결장을 지나가는 데 쓰인다. 이곳에서는 물을 흡수하고, 대변을 만들며, 우리 스스로 처리하지 못하는 성분을 세균이 소화한다. 이 과정은 30~40시간 걸리지만, 변비가 있거나 식생활이 나쁘거나 장의 건강이 좋지 못할 경우 더 오래 걸리기도 한다. 옥수수 알이나 깨 같은 음식은 소화 과정에서 잘 손상되지 않고 변으로 나왔을 때 알아보기 쉬우므로 이를 이용해 소화에 걸리는 시간을 스스로 알아볼 수 있다.

화장실에서 본 대변은 과연 언제 먹은 식사일까?
오늘 아침일까, 어제 점심일까?
그 답은 당신을 놀라게 할 수 있다.

037 누런 콧물과 녹색 콧물

　제인과 로라가 논쟁을 벌이고 있다. "아니야." 제인이 발을 구르며 말한다. "진짜야." 로라도 발을 구르며 대꾸한다. "그만해라, 얘들아. 왜 싸우는 거니?" 굿맨 박사가 묻는다. "제인이 자기 코딱지가 노란색이라서 제 코딱지보다 좋은 거래요." 로라가 입을 삐죽거리며 말한다. "로라는 자기 코딱지가 밝은 녹색이라서 최고래요." "진정하렴, 얘들아. 콧물 색깔 가지고 싸울 필요는 없단다." 굿맨 박사가 웃으며 말한다. "하지만 두 가지 색깔 모두 바람직하지는 않다는 걸 알려줘야겠구나." "바람직……, 뭐요?" 아이들은 의아해한다.

　굿맨 박사는 아이들을 진료실로 데려가 벽에 걸린 차트를 가리킨다. 그곳에는 코와 부비동의 모습이 그려져 있다. "여기가 폐가 마르지 않도록 너희들이 들이마신 공기를 축축하게 만드는 공간이란다. 코와 부비동에서는 끈적끈적한 점액(일반적으로 코딱지나 콧물이라고 부르는 것)을 만들지. 이 점액은 보통 물과 소금, 단백질 같은 색깔 없는 물질로 이뤄져 있어. 너희들이 건강할 때는 말이지. 그런데 세균 같은 고약한 병균이 콧속에 자리를 잡으면 몸에서 특별한 백혈구를 보내서 방어하게 한단다."

　아이들이 서로 바라본다. "그런데 왜 코딱지는 색깔이 있어요?" "백혈구가 잔뜩 들어 있으면 점액이 노랗게 돼. 따라서 제인은 안타깝게도 막 세균에 감염된 것 같구나. 그리고 로라는 낫는 중인 것 같고. 왜냐하면 녹색 점액은 백혈구가 비밀 무기인 미엘로페르옥시다제(골수 세포형 과산화 효소)라는 효소를 사용하고 있다는 뜻이거든. 이게 녹색을 띠지."

　아이들은 잠시 생각에 잠기더니 제인이 입을 열었다. "그러니까 의사 선생님 말씀은 로라가 저한테 감기를 옮겼다는 거지요?"

　"안 그랬어!"

　"그랬어!"

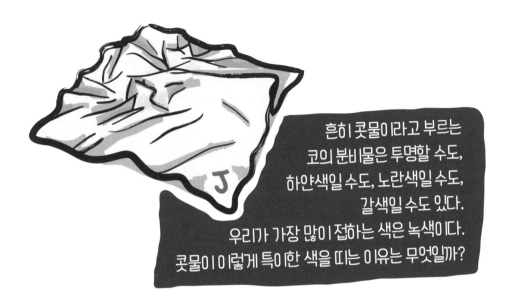

흔히 콧물이라고 부르는
코의 분비물은 투명할 수도,
하얀색일 수도, 노란색일 수도,
갈색일 수도 있다.
우리가 가장 많이 접하는 색은 녹색이다.
콧물이 이렇게 특이한 색을 띠는 이유는 무엇일까?

녹색의 근원을 찾아

미엘로페르옥시다제는 세포를 죽이는 효소로, 호중구라고 부르는 백혈구가 몸에 침투한 미생물과 싸울 때 내놓는다. 1941년 스웨덴의 의사인 키엘 아그너가 고름과 가래, 특히 결핵 환자의 폐에서 생기는 점액의 녹색 성분을 밝히기 위한 연구로 발견했다.

색깔을 내는 헴

미엘로페르옥시다제에는 '헴 그룹'이라는 철 원자를 포함한 유기 화합물이 들어 있다. 철은 산화 정도에 따라 다양한 색깔을 띤다. 헤모글로빈에서는 붉은색, 미엘로페르옥시다제에서는 녹색이다. 무슨 이유에서인지, 녹색은 죽어가는 호중구가 미엘로페르옥시다제를 주변으로(이 경우에는 점액) 방출할 때에만 나타난다. 따라서 녹색 콧물은 보통 감염균과 한창 싸우고 있다는 사실을 뜻한다.

038 눈부시면, 에취

"여러분을 이 방에 모두 모이게 한 것은 두 가지 중요한 사실을 밝히기 위해서입니다." 탐정인 뒤부아가 사람들을 향해 말한다. 바로 백작의 기계공인 르네, 등대지기이자 어린 시절부터 백작과 친구였던 에밀, 백작의 가정교사였던 슈플뢰르 부인, 그리고 백작의 미망인이었다. "첫째, 백작님은 살해당했습니다. 둘째, 저는 범인을 알아냈습니다." 다 같이 숨 들이키는 소리가 들린다. 백작 부인만이 놀랍게도 냉정한 태도를 유지한다. "고인이 된 제 남편은 교통사고로 세상을 떠났습니다, 탐정." "그렇습니다, 부인." 탐정도 인정한다. "그러나 저는 그게 사고가 아니었다고 생각합니다. 왜 이런 결론에 도달했는지 설명해 드리겠습니다."

첫 번째 실마리는 백작 부인의 증언이었다. 자동차가 충돌하는 소리를 듣기 직전 백작 부인은 근처의 등대에서 나온 듯한 밝은 빛에 눈이 부셨다고 했다. 두 번째 실마리는 르네에게서 나왔다. 르네는 백작이 아주 조심스럽게 운전하는 유형으로, 사고를 낼 만한 사람이 아니라고 했다. 세 번째는 어린 시절의 백작을 부르던 애칭이 '재채기쟁이'로, 백작의 아버지와 똑같았다는 사실을 떠올린 슈플뢰르 부인의 말이었다.

"따라서 저는 백작님의 독특한 기질을 알고 있던 악마 같은 천재가 꾸민 살인이라는 결론을 내렸습니다. 바로 '상염색체 우성 유전자가 일으키는 돌발성 태양 시각 증후군(Autosomal - dominant Compelling Helio-Ophthalmic Outburst syndrome)', 줄여서 ACHOO입니다. 이 증후군을 겪는 사람은 빛의 강도가 급격하게 변할 때 재채기를 합니다. 아주 격렬한 재채기라 자동차 사고를 일으킬 만하지요. 보통은 태양빛에 반응하지만, 밝은 빛이라면 어떤 것이든 상관없습니다. 예를 들어, 등대지기가 쏠 수 있을 정도의 밝은 빛이라면요." 에밀이 소리를 지르면서 벌떡 일어선다. 그러나 에밀이 도망치기 전에 뒤부아는 손전등을 꺼내 에밀의 눈에 곧바로 비춘다. 살인 용의자는 참지 못하고 세 번 연속 재채기를 한다. 그 사이 두 팔에는 수갑이 채워진다. "그 증상이 생각보다는 흔한 모양이군요." 백작 부인이 말한다.

빛 재채기 반사

흔히 '빛 재채기 반사'로 알려진 이 유전성 증상은 급격한 빛의 강도 변화에 반응하는 것으로, 전체 인구의 17~35%가 이 증상을 겪는다. 아리스토텔레스는 저서인 〈문제들〉에서 최초로 이 증상을 언급했다. "태양열은 재채기를 일으키는데, 불에서 나오는 열은 왜 그렇지 않은가?" 빛 재채기 반사의 원인은 아직 정확히 밝혀져 있지 않다. 어쩌면 눈과 비강, 턱을 움직이는 삼차 신경이 얽혀있기 때문일지도 밝혀져 있다. 동공을 움직이는 신경이 강한 자극을 받으면 본의 아니게 비강이 강한 자극을 받은 것처럼 느껴 재채기를 일으키는 원리이다. 조금 다른 경우이지만 비슷한 설명으로는 '부교감 신경의 일반화'가 있다. 동공 수축과 재채기가 모두 부교감 신경에 의해 움직이기 때문에 하나를 자극하면 다른 하나가 일어난다는 설명이다.

그늘에서 햇빛 아래로 가거나 밝은 빛을 보면 재채기를 하는 사람이 있는 것은 왜일까?

039 얼린 신체를 망치로 부수면?

조가 식당 마젤리의 뒷방에서 오소부코를 먹고 있을 때 아홉 손가락 리틀 미키가 뛰어 들어온다. "뭐야, 미키?" 조가 으르렁거리듯 말한다. "조, 재미있는 소식이 있어요. 그 청부업자랑 문제가 좀 있었던 친구 기억나요?" "내 지하실에서 저렇게 썩은 냄새를 풍기고 있는데 어떻게 잊어버리겠나?" 빛나는 구두 파울리에가 투덜거린다. "음, 조금 전에 그 녀석을 없앨 방법이 떠올랐어요. 아니, 그 녀석만이 아니라 앞으로 문제가 생겼을 때 누구라도요. 괴상한 웹사이트 하나를 봤는데, 거기에서 영감을 얻었지요." "요점부터 말해." 조가 윽박지른다.

"그러니까 이 회사에서는 아주 새로운 방식으로 사람을 묻어 준대요. 뭐냐 하면 시신을 액체 질소로 얼리는 거예요. 그리고 아주 잘게 나눈 다음 비료로 만들고, 그걸로 나무를 기른대요.

그래서 떠오른 게, 우리도 똑같이 하면 되지 않냐는 거죠. 액체 질소는 싸잖아요.

파울리에의 지하에 있는 시체를 얼린 다음에 잘게 조각을 내서 늙은 피스카텔리

액체 질소에 손을 얼린 뒤
망치로 내려치면 산산조각이 날까?

의 농장 주위에 뿌려 버리는 거예요. 아무도 못 찾을걸요.”

조직원들이 조를 쳐다본다. 조는 소고기 한 조각을 입에 넣고 천천히 씹는다. “잘 안 될 것 같은데. 전에 TV에서 본 적이 있지. 꽃을 얼려서 부수는 거 말이야. 그런데 사람 몸은 꽃이 아니야. 먼저 시험을 해 봐 야겠지.” 조가 거친 목소리로 말한다. “리틀 미키, 가서 액체 질소를 좀 구해 와. 망치도 큰 놈으로 한 개 가져오고.”

아홉 손가락 리틀 미키가 떠나자 파울리에가 묻는다. “어떻게 시험을 해 볼 거지, 조?” “아홉 손가락 리틀 미키가 얼마나 쉽게 다섯 손가락 리틀 미키로 변하는지 봐야겠지.”

얼면 딱딱해진다

웬만한 물질은 충분히 차가워지면 유연한 상태에서 딱딱한 상태로 변한다. 물질이 차가워질수록 구성 원자가 움직이면서 받은 압력을 다른 곳으로 전달하는 능력이 약해진다. 따라서 에너지는 한곳에 쌓이다가 원자 사이의 결합이 끊어지고 만다. 액체 질소는 온도가 거의 영하 200℃로, 접촉하는 대부분의 물질을 단단하게 얼려 버린다.

증거는 남는다

몸 전체는 말할 것도 없거니와 손 하나만 해도 상당히 두껍고 조밀한 구조이다. 액체 질소의 냉각 효과가 완전히 침투하는 데에는 시간이 꽤 걸린다. 그 뒤에도 얼어붙은 손 자체의 질량 때문에 산산조각내는 데에는 상당한 에너지가 필요하다. 아마도 망치에 직접 맞은 곳만 부서지는 선에서 끝날 가능성이 크다. 초음파 같은 다른 방법까지 동원해야 산산조각을 낼 수 있다는 이야기도 있지만, 아직은 확실히 입증된 바 없다.

040 보고도 몰라?

간호사가 소년의 얼굴을 감싸고 있던 붕대를 벗기려는 순간, 의사가 실험을 하나 해야 하니 잠시 기다리라고 했다. 의사는 소년에게 나무로 만든 작은 물체 두 개를 주었다. 벽돌과 공이었다. 의사는 소년이 이 두 개를 확실히 구분할 수 있게 했다. 소년이 두 물체의 촉감에 완전히 익숙해지자 의사는 물체를 도로 가져가 가까이 있는 탁자 위에 올려놓았다. 그리고 간호사는 드디어 소년의 얼굴에서 붕대를 벗겼다.

소년은 태어날 때부터 백내장을 앓았고, 치료 수술을 최근에 받았다. 바로 지금이 두 눈으로 무엇인가를 보는 첫 번째 순간이다. 소년이 처음 보는 밝은 빛에 적응하자 의사는 소년에게 식탁 위를 바라보라고 했다. 소년은 두 물체를 구분할 수 있을까?

몰리뉴의 문제

이 이야기는 아일랜드 철학자 윌리엄 몰리뉴(1656~1698)가 제시했던 사고 실험을 그대로 재현하고 있다. 1688년 몰리뉴는 영국 철학자인 존 로크(1632~1704)에게 쓴 편지에서 이 실험을 언급했다. 오늘날 몰리뉴의 문제라고 부르며, 18세기 철학계에서 가장 많은 논쟁의 대상이 되었다. 지식과 사상은 오로지 경험으로만 나올 수 있으며 경험은 감각에 의존한다고 생각하는 경험주의였던 몰리뉴와 로크는 소년이 시각만으로 두 물체를 구분할 수 없다고 주장했을 것이다. 실제로 이 이야기와 똑같은 실험은 1728년 외과 의사 윌리엄 체셀던(1688~1752)에 의해 이루어졌고, 21세기에도 인도에서 여러 명의 아이를 대상으로 실행되었다. 그 결과는 몰리뉴와 로크의 주장을 뒷받침했다. 실험 대상인 아이들은 금세 배우기는 했지만 곧바로 물체를 구별해 내지는 못했다.

태어날 때부터 맹인이었던 사람이 시각을 얻으면 눈으로 보기만 하는 것으로 물체를 구분할 수 있을까?

맹인은 색맹?

이와 비슷하게 태어날 때부터 맹인이었던 사람이 색이라는 개념을 가질 수 있느냐는 의문도 있다. 경험주의자는 그렇지 않다고 생각한다. 어떤 개념을 갖기 위해서는 먼저 느껴야 한다는 것이다. 심리 철학자들은 색에 관한 물리적인 사실을 배우는 과정을 통해서 그런 개념을 획득할 수 있는지, 혹은 주관적인 경험이 필요한지 논쟁을 벌이고 있다. 후자라면 이원론(순수한 물리적 세계와 정신적 세계 사이에 뚜렷한 경계가 있다는 믿음)을 뒷받침한다.

"맹인이 탁자 위에 놓인 육면체와 구를
볼 수 있게 되었다고 해 보자. 의문이 생긴다.
손으로 만져 보기 전에 시각만으로
육면체와 구를 구분할 수 있을까?"

윌리엄 몰리뉴, 1694

041 컴퓨터가 인간처럼 생각할 수 있을까?

　도로시와 허수아비, 양철 나무꾼, 겁쟁이 사자가 거대한 커튼을 향해 다가갔다. "질문하라. 나, 위대하고 무서운 오즈가 대답하겠노라." 커다란 목소리가 울렸다. 넷은 겁에 질려서 서로 끌어안았지만, 도로시가 용감하게 물었다. "위대하고 무서운 마법사 오즈님, 괜찮으시면 집으로 가는 방법을 알려 주시겠어요?"

　잠시 침묵이 맴도는 동안 기계가 덜커덩거리며 돌아가는 소리가 들리더니 다시 목소리가 울렸다. "5행에서 계산 오류, 질문을 다시 입력하라."

　도로시의 강아지인 토토가 앞으로 달려가 커튼을 향해 짖어 대더니 입으로 물고 잡아당겼다. 커튼이 땅으로 흘러내리자 톱니바퀴와 손잡이, 벨트, 핀 따위로 만든 거대한 기계 장치가 나타났다. "뭐야, 그냥 기계잖아." 도로시가 의아해하며 중얼거렸다.

　양철 나무꾼이 기다란 종이를 가리켰다. 조그만 구멍이 가득 나 있는 종이가 조그만 레버를 건드리며 롤러를 통해 끌려 들어가고 있었다. 허수아비가 머리를 긁으며 말했다. "그런데 어떻게 기계가 '집'이 무슨 뜻인지 알지? 애초에 우리가 하는 말이 무슨 뜻인지 어떻게 알지?" 다시 목소리가 울려 퍼졌다. "너희의 입력은 처리 과정을 거쳐 출력된다." 허수아비가 반박했다. "내가 두뇌는 없을지 몰라도 네가 처리한다는 게 아무 의미가 없고 매우 형식적이라는 건 분명히 알겠어. 네가 진짜 생각하는 존재인지 우리가 어떻게 알지?" "내 말에는 어색함이 없다. 그리고 너희가 차이를 알 수 없다면, 나는 생각하는 존재일 수 있겠지."

중국어 방, 이미테이션 게임, 방앗간

도로시 일행은 철학자들이 기계 혹은 인공지능, 그리고 의식 자체의 성질과 인식 가능성을 탐구하기 위해 사용했던 몇 가지 사고 실험을 한꺼번에 겪었다. 존 설(1932~)의 중국인 방 사고 실험을 보자. 한 남자가 밀폐된 방 안에서 중국어로 된 질문에 대답한다. 이 남자는 중국어를 말하지도, 이해하지도 못한다. 그저 설명서를 이용해 입력물을 출력물로 바꿀 뿐이다. 이 남자, 혹은 이 방 자체를 두고 중국어를 이해한다고 할 수 있을까?

앨런 튜링(1912~1954)이 고안한 이미테이션 게임에서는 컴퓨터가 문자를 이용해 질문에 답한다. 만약 대화 중인 인간이 상대가 사람인지 아닌지 알아낼 수 없다면 이 컴퓨터는 지능이 있다고 해야 하지 않을까?

고트프리트 빌헬름 폰 라이프니츠(1646~1716)의 방앗간 사고 실험은 생각하는 기계가 방앗간이나 공장만큼 커졌다고 가정한다. 그 안에서 생각이나 의식을 설명할 수 있는 것을 찾을 수 있을까?

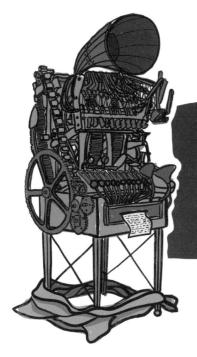

컴퓨터, 혹은 어떤 기계가
주관적인 경험과 의식을 지닌 인간과
똑같은 방식으로 생각할 수 있을까?
그런 기계의 생각에
실제로 의미가 있을까?

042 애완동물의 능력

고양이 겨울이는 못 믿겠다는 눈치였다. 그냥 우연이라고 우겼다. 겨울이가 가르랑거렸다. "문 앞에 자주 가면 가끔은 맞는 법이지. 고장 난 시계도 하루에 두 번은 맞는다잖아." 강아지 다롱이가 으르렁거렸다. "너는 주인님이 언제 집에 오는지 못 알아내니까 질투하는 거야." 겨울이는 새침을 떨며 발가락을 핥았다. "그러니까 네 말은 네가 미친 것처럼 펄쩍펄쩍 뛰어다니는 건 네 '초능력 육감'이 발휘되고 있기 때문이라는 거지?" "바로 그거야." 다롱이가 꼬리를 흔들며 짖었다. "나는 주인님이 집에 오고 있다는 걸 알 수 있어. 증명할 수도 있다고."

다롱이는 겨울이에게 하루 동안 자신이 문 앞에서 펄쩍 뛰는 시각과 주인님 메리가 집에 돌아오는 시각을 정확히 기록하라고 말했다. 일주일이 지나자 겨울이는 둘 사이에 모종의 상관관계가 있다는 사실을 인정할 수밖에 없었다. 일곱 번 중에 여섯 번은 다롱이가 흥분해서 뛰기 시작하고 약 6분 뒤에 주인님이 집으로 돌아왔던 것이다. "이건 증명이 안 돼." 겨울이가 야옹거렸다. "만약 주인님이 매일 똑같은 시각에 돌아온다면 금붕어라도 예측해서 문 앞에 가 앉을 수 있다고." 다롱이는 주인님이 교대근무를 해서 낮이나 밤 어느 때에 집에 올지 알 수 없다고 반박했다. 겨울이가 꼬리를 튕겼다. "흠. 난 못 믿겠어. 목요일에는 네가 예상하지 못했지. 그리고 그날은 비가 아주 많이 왔어. 내 생각에는 네가 멀리서 냄새를 맡거나 소리를 듣고 주인님이 오는 걸 아는 거야. 날씨 때문에 그러지 못하는 날은 예측이 안 되는 거지."

> "개나 고양이, 말, 앵무새, 혹은 다른 동물을 기르는 사람 중
> 상당수는 애완동물이 주인의 생각이나 의도를
> 읽을 수 있다고 생각한다."
>
> 루퍼트 셸드레이크, <개는 주인이 돌아오는 시각을 안다>(2011)

형태 어쩌구가 뭐?

초심리학자 루퍼트 셸드레이크(1942~)는 동물이 자연 속에 퍼져 있는 초자연적인 '형태장'을 감지할 수 있으며, 이를 통해 우리가 '초능력'이라고 부르는 방식으로 정보를 보낸다고 생각한다. 애완동물을 기르는 사람에게 이 실험을 통해서 증명해 보기를 권하기도 한다. 회의주의자들은 겨울이가 지적한 것과 같은 방해 요소를 배제하려면 적절한 이중 맹검 통제 방식으로 실험해야 하는데, 그건 굉장히 어렵다는 점을 지적한다. 그리고 이런 방식으로 실험을 해도 셸드레이크의 주장을 입증하는 증거는 될 수 없다고 반박한다.

개는 주인이 언제 집에 올지 알 수 있을까? 재야 연구자인 루퍼트 셸드레이크는 개가 그럴 수 있다는 사실을 보여 줌으로써 초능력의 존재를 입증할 수 있다고 생각한다.

043 십대의 반항

지그문트는 문을 쾅 닫았다가 다시 열고는 큰 소리로 외쳤다. "난 엄마가 싫어!" 그러고는 다시 문을 세게 닫았다. 엄마가 간절한 목소리로 말했다. "지기야, 엄마, 아빠는 널 생각해서 그러는 거야." "엄마는 이해 못 해." 지그문트가 문 너머에서 소리쳤다. "그리고 나를 '지기'라고 부르지 마. 나는 이제 애가 아니라고!"

지그문트는 침대에 몸을 던지고 다윈과 헬름홀츠 포스터를 바라보았다. '왜 부모님은 예전과 상황이 달라졌다는 걸 이해하지 못할까?' 지그문트는 자신의 복잡한 감정에 대하여 생각했다. 부모님이 새로운 과학적 발견에 흥분하는 자신을 이해해 주고 의사가 될 수 있도록 지지해 주면 좋을 것 같았다. 한편으로는 부모님의 중산층 감수성과 낡은 도덕 관념에 진력이 나서 멀리 도망쳐 독립하고 싶었다. 부모님에게 넌덜머리가 났다. 질식할 것만 같았다. 지그문트가 아니라 자기 자신들에게만 관심이 있었다. 존경하고 따라갈 수 있는 스승을 찾을 수 있다면 얼마나 좋을까.

도대체 십대는 왜 그렇게 까다로운 걸까?
청소년이 까다롭고 종잡을 수 없는 건 어쩔 수 없는 일일까?
항상 그렇게 되는 이유는 무엇일까?

질풍노도의 시기

지그문트는 사춘기 이론의 전형적인 모습을 모두 보여 주고 있다. 십대 시절은 흔히 '질풍노도의 시기'라 한다. 프로이트 이후 정신 분석 운동의 선구자 중 하나였던 에릭 에릭슨(1902~1994)에 따르면, 사춘기의 특성은 정체성 위기로 이어지는 정체성 혼란이다. 또 아동 정신 분석학자 피터 블로스(1904~1997)에 따르면, 청소년은 독립적인 정체성을 형성하면서 '이탈' 현상을 겪는다. 이 때문에 영웅 숭배(예를 들어, 스포츠 스타나 록스타)를 통한 대체 부모를 찾는 식의 퇴행과 부모의 사랑과 인정을 원하면서 동시에 거부하는 이중성이 나타난다.

그래도 괜찮다

고전적인 이론의 문제는 이를 뒷받침하는 증거가 없다는 점이다. 조사 결과 대부분의 십대 청소년은 격한 심적 갈등으로 괴로워하지 않고 잘 적응하고 있다. 청소년과 부모 양쪽 모두 세대 간의 심각한 갈등이 있다고 답변하지 않는다.

"인생의 어느 단계에서도 (사춘기 때만큼)
자기 자신을 찾아야 한다는 압박에 시달리거나
아주 친밀한 사람을 잃는다는 두려움에 떨지는 않는다."

에릭 에릭슨(1902~1994)

044 여기에서하품 저기에서하품

아렉 요원이 열여섯 개의 시각 기관 중 네 개를 이용해 감금실을 훑어보았다. 그 안에는 적어도 200명은 있었고, 아렉의 눈에는 모두 똑같아 보였다. 그중에서 도망친 안드로이드를 찾아내려면 시간이 좀 걸릴 것 같았다. 비스멧 요원이 통제실로 들어오더니 기묘한 동작으로 촉수를 흔들었다. "뭐 좀 찾은 거 있나?" 아렉은 애매하다는 듯이 시각 기관을 떨었다. "내 눈에 띈 거라고는 여러 명이 계속 이 똑같은 행동을 하고 있다는 것뿐이야. 봐, 저기 또 한 명이 하고 있군." 어떤 한 사람이 턱을 아래로 쭉 늘리며 입을 최대한 벌리면서, 눈을 감고 숨을 깊이 들이마셨다. 옆에 있던 사람도 그 즉시 똑같은 행동을 했다.

"아, 저게 뭔지 난 알아." 비스멧의 얼굴이 보라색으로 물들었다. "전에 지구에 갔을 때 봤지. 인간은 항상 저러더군. 하품이라고 하는 거야." "저러면 폐에 산소를 더 많이 공급할 수 있나 보지?" 아렉이 추측했다. 비스멧은 틀렸다는 듯이 시각 기관을 까딱거렸다. "만약 그렇다면, 이렇게 앉아 있을 때가 아니라 운동을 격하게 한 뒤에 그러지 않겠나? 게다가 자궁 속에 든 인간 태아도 하품을 한다더군. 내 생각에는 지루하거나 졸려서 그런 것 같아. 자네 말로는 인간들이 몇 시간이나 앉아 있었다면서." 아렉은 센서를 이용해 뇌간 활성화를 나타내는 표식을 살펴보았다. 정말로 상당수의 인간은 뇌간 활성화 수준이 낮다는 신호를 볼 수 있었

하품의 목적은 뭘까, 그리고 왜 전염성이 있는 걸까?

다. 아렉은 하품하는 인간은 뇌 온도가 살짝 올라간다는 사실도 알아냈다.

"저 행동이 정말 흥미로운 점은 전염성이 있다는 거야. 다른 사람이 하품하니까 여러 사람이 따라 하는 걸 보라고. 일종의 공감 반응이 분명해. 마음 이론, 그러니까 다른 사람과 공감하는 능력과 관련이 있는 거야." 아렉이 촉수를 찰싹 때렸다. "바로 그거야! 안드로이드는 분자까지 사람과 똑같이 생겼어. 하지만 본질적으로는 마음이 나 의식에 대한 이론이 담겨 있지 않은 가짜라고." 아렉은 감금실에 있는 화면을 켠 다음 인간이 아주 크게 하품하는 영상을 틀었다. 얼마 지나지 않아 거의 모든 사람이 그 행동을 따라 했다. 아렉은 분해기를 작동해 용의자를 원자 단위로 분해했다. "어, 좀 성급한 거 아니야?" 비스멧이 촉수를 둥글게 말며 물었다. "어쩌면 저 사람은 그냥 졸리지 않은 것뿐일 수도 있잖아."

동시다발적인 하품

영장류 사이에서 하품은 전염성이 있다. 하지만 연구 결과, 이 효과를 신뢰할 수 있을 정도로 보여 주는 인간 성인은 절반 정도뿐이다. 따라서 아렉은 성급하게 행동한 게 맞다. 하품의 전염은 마음 이론, 다른 사람에게 감정 이입할 수 있는 심리학적 메커니 즘과 관련이 있어 보인다. 자폐증 환자와 5세 미만의 아이들은 하품을 따라 하지 않 는다고 알려져 있다. 하품은 다른 종의 동물 사이에서도 전염성이 없다. 하지만 이런 행동 자체는 동물 세계의 거의 모든 곳에 퍼져 있다. 새나 물고기조차도 하품하듯이 입을 벌리는 행동을 한다.

하품에 관한 이론

하품이 산소를 더 마시기 위해서 하는 행동이라는 전통적인 이론은 이미 논파가 된 상태다. 하품은 혈액 안의 산소 농도에 영향을 끼치지 않는다. 현재는 지루하거나 초 조할 때처럼 현재는 각성 상태의 변화와 관련이 있다는 이론이 있다. 더 최근에 나온 이론으로는 하품이 뇌의 과열에 의한 반응이라는 것이 있다. 시원한 공기를 빨아들여 온도를 조절한다는 것이다.

045 엄마가 없을 때 우는 아기

아나벨과 치미, 두리는 담요 위에 놓인 장난감을 살펴보았다. 치미가 먼저 엄마 곁을 떠나 장난감을 향해 기어갔다. 곧 아나벨과 두리도 합류해 호기심 어린 표정으로 블록과 인형을 이리저리 살펴보며 하나씩 입에 넣어 보곤 했다. 낯선 여성이 방 안에 들어오더니 아이들 곁에 앉아서 함께 놀았다. 치미는 의심스러운 표정으로 낯선 여성을 바라보았다. 두리는 플라스틱 블록을 입으로 빨고 있었다. 아나벨은 긴장한 표정으로 엄마를 바라보았다.

갑자기 엄마 셋이 모두 일어나 방을 나갔다. 이제 방에는 세 명의 아기와 낯선 여성뿐이었다. 아나벨은 곧바로 울기 시작했다. 치미는 몹시 초조해 보였다. 두리는 눈하나 깜짝하지 않았다. 그때 낯선 여인도 밖으로 나가서 방 안에는 아기들만 남았다. 이제 치미도 울기 시작했다. 마침내 엄마 셋이 모두 돌아왔다. 아나벨과 치미는 가능한 한 빨리 엄마를 향해 기어갔다. 그런데 아나벨은 엄마가 안아 들자 곧바로 몸부림치며 엄마를 밀어내기 시작했다. 두리는 엄마가 부르는 소리도 무시하고 장난감에 계속 집중했다.

그때 갑자기 사악한 과학자가 방으로 들어와 아기들을 모두 낚아채 실험실로 데려갔다. 과학자는 아기들을 각각 방에 집어넣었다. 방의 한쪽에는 철사로 만든 분배기가 있어 여기에서 우유와 달콤한 사탕이 나왔다. 반대쪽에는 수건으로 감싼 둥근 철사가 있고, 여기에서는 아무것도 나오지 않았다. 충격이 가시자 아기들은 분배기에서 나오는 달콤한 사탕을 즐겼다. 하지만 맨 철사에는 가까이 가지 않고 수건으로 감싼 둥근 철사 곁에만 있었다. 못된 과학자가 압축 공기를 강하게 불어넣자 깜짝 놀란 아기들은 수건으로 감싼 철사에 매달렸다. 그 순간 경찰이 문을 박차고 들어와 아이들을 구출하고 미치광이 과학자를 체포했다.

'이상한 상황' 실험

아나벨과 치미, 두리는 유아-양육자의 애착에 대한 심리학 연구 역사에서 기념비적인 실험의 대상이었다. '이상한 상황' 실험에서 아기는 낯선 사람과 홀로 남았을 때 어떻게 반응하는지에 따라 유형이 나뉘었다. '불안정 회피'나 '불안정 저항'처럼 양육자에 대한 애착을 표현하는 방식에 따른 유형이 나타났는데, 이 분류에는 논쟁의 여지가 있다. 해리 할로(1905~1981)는 잔인하기로 악명 높은 1959년의 실험에서 우유가 나오는 조악한 철사 대리모와 아무것도 안 나오지만 수건으로 싼 조잡한 인형을 가지고 새끼 원숭이를 키웠다. 새끼 원숭이는 후자를 선호했다. 스트레스를 받았을 때에는 특히 더 그랬다. 자원을 공급해 주는 것보다 아무리 허접하더라도 편안한 감촉을 더 가치 있게 여긴다는 것이 분명했다. 엄마가 방을 나가면 우는 것과 같은 아기의 애착 행동이 뭔가를 얻어 내기 위한 계산적인 애정에 불과하다는 기존의 정설에 타격을 날리는 발견이었다.

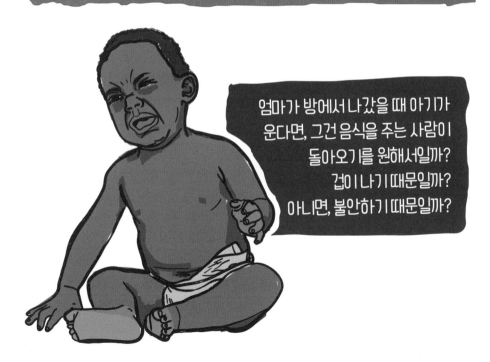

엄마가 방에서 나갔을 때 아기가 운다면, 그건 음식을 주는 사람이 돌아오기를 원해서일까? 겁이 나기 때문일까? 아니면, 불안하기 때문일까?

046 칵테일 파티 효과

완다는 파티를 전혀 즐기지 못하고 있었다. 눈을 뗄 수 없을 정도로 멋진 드레스들, 매력적인 손님들, 음료를 만들고 있는 최고의 바텐더까지 주위 환경이 더할나위 없이 좋았음에도 말이다. 심지어 음식은 천상의 맛이었으며 음악은 크고 흥겨웠다. 주인도 친절하고 편안했다.

완다와 친한 친구들 모두 그 자리에 있었다. 완다와 대화를 나누고 있는 프레디는 아주 재미있는 이야기를 해 주고 있었지만 완다는 끔찍한 시간을 보내고 있었다. 완다는 프레디의 이야기를 따라가려고 할 때마다 정신이 산만해져서 놓치고 말았다. 왜냐하면 사람들이 자기 이름을, 혹은 이름처럼 들리는 말을 하고 있었기 때문이다. 먼저 안뜰로 이어지는 문가에 서 있던 연인의 대화가 그랬다. "……알아. 나도 가끔은 그게 궁금해(wonder)……" 피아노 옆에 있는 아프리카인과 대화하고 있는 남자는, "……그래서 생각했어. 그냥 저 뒤로 슬슬 걸어가야겠다고(wander)……" 그다음에는 바에 있던 마골리스 박사가, "……음, 그렇게 느낀다고 해도 의아할(wonder) 게 없지……" 또 간이 부엌에 있던 여자는, "……그것까지 해서 세계 8대 불가사의(wonder)라고, 내 말이……" 자꾸만 이쪽저쪽으로 신경이 쏠리다 보니 머리가 어지러웠다. 프레디가 똑같은 질문을 세 번이나 했다는 것도 완다의 이름을 크게 부르고 나서야 깨달았다. "미안해요, 프레디. 난 정말 칵테일 파티에 있기가 힘드네요."

"칵테일 파티란, 40명이 동시에
자기 이야기를 할 수 있게 해 주는 모임이다.
술이 사라진 뒤에도 남아 있는 사람이 주인이다."

프레드 앨런(1894~1956)

무의식적인 처리

1953년 음향 기술자 콜린 체리가 이야기한 칵테일 파티 효과는 인간의 주의력과 정보 처리에 다양한 수준이 있다는 확실한 증거이다. 완다는 파티에서 이뤄지는 대화 하나하나에 주의를 기울일 수 없다고 하지만, 무의식적으로는 바로 그렇게 하고 있는 게 분명하다. 자기 이름, 또는 그와 비슷하게 들리는 단어가 들릴 때마다 곧바로 관련 대화에 집중할 수 있기 때문이다. 심지어는 질문의 내용은 전혀 몰라도 프레디가 똑같은 질문을 세 번 했다는 사실도 알고 있을 게 분명하다.

맹시

인간 의식의 지각 처리 능력이 변할 수 있다는 사실을 증명하는 더 놀라운 사례는 '맹시' 현상이다. 순전히 심리적인 이유로 시력을 잃은 사람에게 나타나는 현상으로, 이 경우 의식적으로 앞을 볼 수는 없지만 어떤 물체를 가리키거나 장애물을 피하기 위해 방향을 바꿀 수 있다.

시끄러운 방 안에서 들려오는, 의식도 못하고 있던 대화 속에 자기 이름이 나타나는 것을 알 수 있는 건 왜일까?

자연법칙

"가능성의 한계를 발견하는 유일한 방법은
한계를 넘어 불가능을 향해
한 발짝 더 나가 보는 것이다."

아서 C. 클라크(1917~2008)

047 누가 먼저 떨어질까

간사하고 교활한 코요테는 이번에야말로 반드시 로드러너를 잡기로 결심했다. 이번에는 그 극악무도한 새가 도망치지 못할 것이라는 확신이 있었다. 공들여 세운 계획은 완벽했다. 그리고 방금 배달부가 계획의 마지막 한 조각을 가져왔다. 바로 거대한 쇠사슬이 달린 1톤짜리 쇳덩어리였다.

큰 울음소리가 들리는 것을 보니 로드러너가 곧 도착한다는 사실을 알 수 있었다. 코요테는 절벽 가장자리에 있는 커다란 바위 뒤에 숨었다. 계획대로 새는 쏜살같이 달렸고, 진짜처럼 그려 놓은 '사막 고속도로 그림'을 그대로 뚫고 절벽 너머로 떨어졌다. 동시에 코요테는 1톤짜리 쇳덩어리를 절벽 밑으로 떨어뜨리고, 쇳덩어리가 로드러너의 머리 위로 쿵 하며 떨어지는 모습을 상상하며 낄낄 웃었다.

그러나 불행히도, 코요테도 균형을 잃고 쇳덩어리, 로드러너와 함께 절벽 아래로 떨어지고 말았다. 코요테는 당황하지 않고 논리적으로 생각하려고 애를 썼다. 먼저 쇠사슬로 쇳덩어리를 로드

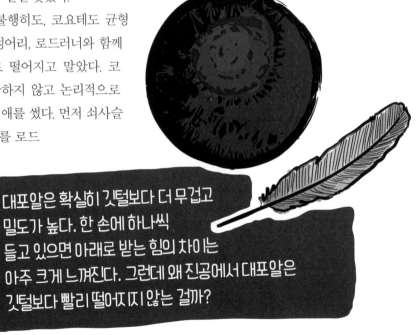

대포알은 확실히 깃털보다 더 무겁고 밀도가 높다. 한 손에 하나씩 들고 있으면 아래로 받는 힘의 차이는 아주 크게 느껴진다. 그런데 왜 진공에서 대포알은 깃털보다 빨리 떨어지지 않는 걸까?

러너의 발목에 묶어서 무겁게 만들어야겠다고 생각했다. 그러면 둘이 더 빨리 떨어질 테니 자신은 그 위에 떨어질 심산이었다. 그때 뭔가 실수한 것 같다는 생각이 들었다. 가벼운 새는 무거운 쇳덩어리의 속도를 늦출 게 아닌가. 그러면 자신이 그 둘보다 먼저 떨어질 터였다. 더 느리게 떨어지게 하는 동시에 더 빨리 떨어지게 할 수는 없지 않은가. 코요테가 이런 역설에 대해 생각하고 있을 때 로드러너는 낙하산을 펴고 편안하게 땅으로 내려갔다. 코요테는 땅에 떨어지기 직전에야 자신과 쇳덩어리가 똑같은 지점에 동시에 떨어진다는 사실을 깨달았다.

갈릴레오의 실험

간교한 코요테는 낙하하는 물체에 대한 아리스토텔레스 물리학의 근본적인 역설을 탐구한 셈이다. 아리스토텔레스(기원전 약 384~322)의 뒤를 이은 사람들은 17세기까지 무거운 물체가 더 빨리 떨어진다는 지혜를 받아들였다. 이는 무거운 물체가 아래로 가하는 힘이 더 크게 느껴진다는 점에서 상식과도 일치하는 것처럼 보였다. 그러나 갈릴레이(1564~1642)가 사고 실험으로 지적한 것처럼, 이 논리는 자기 모순적이다. 무거운 물체와 가벼운 물체를 서로 묶는다면 더 느리게 떨어져야 한다. 가벼운 물체는 더 천천히 떨어지고, 그러면서 무거운 물체가 떨어지는 것을 방해하기 때문이다. 또한 동시에 두 물체의 질량을 합하면 더 무거우므로 더 빨리 떨어져야 한다. 갈릴레이는 모든 물체가 질량과 상관없이 똑같이 떨어지는 수밖에 없다고 지적했다. 그리고 피사의 사탑에서 질량이 서로 다른 공을 떨어뜨려 보이며 이를 증명했다.

달에서 떨어뜨리면

지구의 대기 안에서는 공기 저항이 물체가 떨어지는 속도에 큰 영향을 끼친다. 그래서 깃털과 대포알은 실제로 똑같이 떨어지지 않는다. 그러나 진공에서는 물체가 똑같이 떨어진다는 갈릴레이의 이론을 확실하게 입증할 수 있다. 1971년 달에 착륙한 아폴로 15호의 데이비드 스콧(1932~)은 망치와 깃털이 동시에 떨어지는 모습을 보여주었다.

048 과속 절대 금지

코스믹맨에게는 신처럼 강한 힘과 빠른 속도를 낼 수 있는 능력이 있다. 로켓보다 빨리 날며, 단 한 번에 산을 뛰어넘을 수 있다. 지구의 하찮은 범죄자를 제압하는 일이 지겨워졌고, 물리학 교육을 제대로 받은 적이 없는 코스믹맨은 빛보다 빨리 난다는 궁극의 도전을 하기로 결심한다.

우주로 날아간 코스믹맨은 태양계의 끝을 향해 속도를 높인다. 달 궤도를 지나기 전에 이미 인간이 만든 그 어떤 물체보다 빠른 속도를 낸다. 화성 궤도에 도착할 때쯤에는 광속의 10%로 날고 있다. 강력한 망원경으로 그 모습을 관찰하는 화성인은 코스믹맨의 손목시계가 눈에 띌 정도로 코스믹 맨이 느린 속도로 간다는 사실을 눈치챈다. 아인슈타인의 상대성 이론에서 예측한 시간 지연 때문이다. 반대로 코스믹 비전으로 화성인을 관찰하는 코스믹맨에게는 화성인들이 슬로 모션으로 움직이며 화성의 시계가 천천히 가는 것으로 보인다.

명왕성을 지나갈 때쯤 코스믹맨은 광속의 86.5%로 날고 있다. 우주는 갈수록 이상해 보인다. 전부 기이할 정도로 느려진다. 게다가 모든 것이 코스믹맨이 움직이는 방향을 따라 쪼그라든 것처럼 보인다. 코스믹맨은 가만히 정지해 있는 명왕성인의 우주선 옆을 지나친다. 그 우주선의 길이가 200m라는 건 알고 있지만, 코스믹맨이 보기에는 그 절반 정도로밖에 안 보인다. 명왕성의 우주선 승무원 눈에는 코스믹맨의 키가 평소의 절반 정도로 줄어든 것처럼 보인다.

태양계와 성간 공간의 경계에 가까워진 코스믹맨의 속도는 광속의 99%이다. 하지만 갈수록 움직이는 게 힘들다고 느낀다. 상대론적 질량 증가 때문이다. 마지막 힘을 쥐어짠 코스믹맨은 광속의 99.99%에 도달한다. 이때 만약 우연히 옆에 있는 외계인이 코스믹맨을 보았다면, 코스믹맨의 키는 13.5cm 정도로 보였을 것이다. 에너지를 더 쓸수록 코스믹맨은 무거워지고, 그에 따라 속도를 높이는 데에도 많은 에너지가 필요하다. 힘이 다한 코스믹맨은 가속을 포기하고 지구로 돌아간다(코스믹맨에게는 열네

시간 정도밖에 걸리지 않는다.). 지구를 지나쳐 태양을 향해 날아가던 코스믹맨은 속도를 줄여서 멈추려면 지금까지 쓴 것과 똑같은 양의 에너지가 필요하다는 사실을 그제서야 떠올린다.

궁극의 한계

마침내 진실을 깨달은 코스믹맨은 오만불손한 모험을 포기했다. 만약 광속에 도달했다면, 시간 자체가 멈췄을 것이고 시간이 멈춘다면 움직임도 멈춘다. 동시에 코스믹맨의 질량은 무한해졌을 테고, 여기까지 도달하기 위해서 무한한 에너지를 썼어야 했을 것이다. 코스믹맨은 자신을 광자처럼 질량이 없는 입자로 바꿔서 마침내 궁극의 속도 한계에 도달할 수 있게 해 줄 절묘한 장치를 발명하겠다고 결심한다.

초속 299,729,458m가 우주의 궁극적인 속도 한계인 이유는 무엇일까? 아무리 강력한 로켓도 - 초능력자도 - 속도를 높이다 보면 결국 한계에 부딪히게 만든 것은 누구일까?

⑧ 049 시간 여행의 역설

억만장자이자 나치 추종자인 아드난 포브스는 최근에 발견된 『나의 투쟁』 초고를 경매에서 구입한 일을 자축하며 야심 찬 계획을 세운다. 자신의 막대한 부를 이용해 타임머신을 만든 뒤 그 책이 쓰인 1924년으로 돌아가는 것이다. 그리고 란츠베르크 감옥으로 잠입해 미래의 독재자(당시에는 수감자) 아돌프 히틀러의 사인을 책에 받는다. 포브스가 타임머신의 다이얼을 맞추는 순간 코디라는 이름의 과격한 젊은이가 타임머신 안으로 들어와 숨는다. 억만장자와 뜻밖의 밀항자는 함께 1924년으로 돌아간다.

포브스는 역사에 관한 폭넓은 지식을 이용해 뇌물을 주고 감옥 안으로 들어간다. 그런데 젊은 날의 히틀러는 『나의 투쟁』이 무엇인지도 모르며 그와 비슷한 글을 쓴 적도 없다는 사실에 어안이 벙벙해진다. 오히려 감옥에 갇힌 히틀러는 이 시간 여행자가 가져온 원고를 읽으며 흥미를 느낀다. 일이 이상하게 흘러가자 포브스는 대체 이게 무슨 뜻인지 생각에 잠긴다. 그때 코디가 히틀러의 등 뒤에서 나타나 조만간 민중을 선동할 정치가의 머리에 총을 겨눈다. "무슨 짓이야?!" 포브스가 외친다. "이 사악한 괴물은 내 증조할아버지라고요." 코디가 말하며 총을 장전하고 쏠 준비를 한다. "이제 우리 가문의 명예를 회복하고 오랫동안 이어진 비탄과 공포로부터 세상을 구하기 위해 쏴 버릴 거예요."

> 물리학 이론에 관한 몇 가지 해석은
> 시간 여행이 가능할지도 모른다는 흥미로운
> 가설을 불러일으켰다.
> 그런데 시간 여행은 어떤 역설을 만들어 낼까?

"안 돼!" 포브스가 간청한다. "모르겠어? 만약 히틀러가 네 할아버지를 낳기 전에 죽이면 너는 존재할 수도 없다고. 그러면 네가 어떻게 히틀러를 죽이러 시간을 거슬러 여행할 수 있겠어? 그에 따른 역설은 현실을 파괴할 거야."

이상하게 아는 게 많은 간수가 뛰어 들어오더니 경고한다. "너희들의 존재만으로 이미 끔찍한 역설이 일어나고 있다. 너희들은 히틀러가 1924년에 암살되지 않았다는 것을 알고 있어. 따라서 지금 히틀러를 죽이는 건 불가능해야 해. 그렇지만 지금 네가 방아쇠를 당겨 히틀러를 죽일 수 있다는 건 명백하지."

그동안 히틀러는 『나의 투쟁』에 푹 빠져 있다가 벌떡 일어나며 외쳤다. "나의 투쟁! 천재적이야! 이걸 누가 쓴 거지?"

할아버지, 그리고 다른 역설들

포브스와 코디는 시간을 거슬러 여행하면 생길 수 있는 몇 가지 역설을 일으켰다. 코디는 유서 깊은 '할아버지 역설'을 마주한다. 시간 여행을 한 암살자는 자신을 존재할 수 있게 해 주는 인과 관계를 무너뜨리게 되며, 그에 따라 인과 관계를 무너뜨릴 수 없게 된다는 역설이다. 코디는 그와 관련 있는 역설과도 만난다. 히틀러를 암살할 수 있는 동시에 암살할 수 없는 상황에 처하는 것이다. 한편, 포브스는 '존재론적 역설'이라는 상황을 일으킨다. 닫힌 순환 고리를 만들어서 인과 관계를 무너뜨리는 것이다. 『나의 투쟁』 원고가 미래에 존재하는 것은 포브스가 그것을 과거로 가져갔기 때문이다. 그 원고가 히틀러의 손에 들어갔고, 히틀러는 자신이 썼다고 주장하기 때문에 역사는 히틀러를 저자로 인정할 것이다. 하지만 그 원고는 원래 어디에서 온 걸까? 히틀러가 쓰지 않았다면, 도대체 누가 쓴 걸까?

역사 보호 추측

이와 같은 역설의 위협 때문에 물리학자 스티븐 호킹은 '연대 보호 추측'을 내놓았다. 자연법칙이 타임머신을 만들 수 없도록 막아서 인과 관계가 무너지는 일을 막는다는 내용이다.

050 죽느냐 사느냐는 봐야 알지

"빌어먹을, 브릭스! 나는 이제 이런 일을 하기에는 너무 늙었다고." 머도가 이마의 땀을 닦으며 투덜거렸다. 이번에도 아주 위험한 상황이었다. 전부 파트너 때문이었다. 머도는 어떤 방 안에 무시무시한 장치와 함께 있었다. 작은 폭탄이었다. 방사선을 이용한 스위치로 작동하며, 언제라도 터질 수 있었다. 브릭스는 통신기로 파트너에게 폭탄을 해체하는 방법을 알려 주려고 애쓰고 있었다. 그때 갑자기 '지직' 하는 소리가 나더니 통신기가 망가져 버렸다.

"그러니까 지금 저 친구가 외부와 통신이 전혀 안 되는 상태로 혼자 있다는 건가?" 브릭스가 폭탄 처리 담당 장교를 향해 험악하게 말했다. "그렇습니다. 납으로 둘러싸인 데다가 티타늄으로 보강을 해 놓은 방이고, 전자기 차폐까지 돼 있습니다. 문을 열기 전에는 저 안에서 무슨 일이 벌어지는지 알 수가 없습니다." "그러면 문을 여는 데는 얼마나 걸리지?" "정확히 58분입니다."

브릭스는 몇 가지 계산을 해 보았다. 폭탄의 기폭 장치에 들어 있는 방사성 동위원소가 노벨륨-259 원자 한 개이며, 반감기가 정확히 58분이라는 사실은 알고 있었다. 즉, 문을 여는 데 걸리는 시간 동안 노벨륨 원자가 방사성 입자를 내보내 폭탄을 터뜨릴 확률이 정확히 50%라는 뜻이었다. 만약 그렇게 되면 머도는 죽은 몸이었다. 그러나 머도가 아직 살아 있을 확률도 50%였다.

책임자인 랜달이 현장에 도착했다. "자네를 해고해야 직성이 풀리겠지만, 지금 당장은 머도가 걱정이로군. 그 친구는 살아 있는 건가, 죽은 건가?" 브릭스는 머리를 긁적였다. "그게 좀 복잡합니다. 아시다시피 지금은 둘 다 아닙니다. 아니면, 둘 다일 수도 있어요. 어쩌면 반은 살았고 반은 죽었을지도 모르겠습니다. 엄밀히 말하면, 그 친구는 두 가지 양자 상태가 중첩된 상황입니다." 랜달의 얼굴이 붉어졌다. "빌어먹을, 브릭스! 이럴 시간이 없어. 자네가 저 방의 문을 열게. 다른 사람들은 오염에 대비해 건물 밖에서 대기할 걸세."

브릭스가 건물 안으로 들어가는 모습을 보던 랜달은 문득 어떤 생각에 사로잡혔다. 브릭스는 곧 파트너의 생사를 알아낼 수 있을지도 모른다. 하지만 건물 밖에서 기다리는 사람들이 보기에는 브릭스 자신이 안도와 비탄 사이의 중첩 상태에 있었다. 이런 애매한 상태는 브릭스가 무사히 나오거나 밖에서 사람들이 진입하기 전까지는 풀리지 않을 것이다.

유명한 사고 실험의 하나로, 오스트리아 물리학자 에르빈 슈뢰딩거(1887~1961)는 고양이 한 마리가 50%의 확률로 자신을 죽일 수 있는 무서운 장치와 함께 상자 안에 들어 있는 상황을 상상했다. 이 실험은 누군가 상자 안을 들여다보기 전에 고양이가 살아 있는 상태인지 죽은 상태인지에 관한 의문을 불러일으켰다.

슈뢰딩거의 황당한 상황

머도는 1930년대에 새로 등장한 양자 물리학 때문에 나타나는 '황당한 상황'을 설명하기 위해 에르빈 슈뢰딩거가 예로 든 유명한 고양이와 같은 처지이다. 양자 이론에 따르면, 어떤 사건은 관찰하기 전까지 진짜로 정해지지 않은 상태에 놓여 있다. 가상의 고양이가 살았는지 죽었는지 역시 마찬가지다. 둘 중 한 가지 상황이지만 우리가 아직 모르고 있는 단순한 상황이 아니다. 이 고양이는 관찰하기 전까지는 말 그대로 이도 저도 아닌 상태다.

051 지구 중심으로 떠나는 여행

　올리버 그린은 모여 있는 전 세계의 기자들에게 미래를 위한 원대한 신사업을 자랑스럽게 선보였다. 바로 '지구 관통 터널'이었다. "아르헨티나에 모두 모여 주셔서 감사합니다. 이제 이곳에서 역사상 가장 빠르고 놀라운 운송 수단에 탑승해 곧바로 중국까지 갈 수 있습니다." 그린은 지구 중심을 통과해 반대편까지 이어지는 터널을 파기 위해서 극복해야 했던 놀라운 일들을 설명했다. "특허를 받은 우리 기술은 지구 관통 터널의 구조적 안정성을 보증합니다. 내부를 완벽한 진공 상태로 유지하면서도 새로 개발한 객실에 승객이 편안하게 있을 수 있도록 설계했습니다."

　그린은 최대 가속도가 1G에 불과해서 그 자리에 가만히 서 있는 정도의 느낌만 받는다고 설명했다. 객실은 중력에만 의존해 지구 중심을 향해 자유 낙하하므로 엔진이나 연료, 전력 장치 없이도 초속 약 7,900m에 도달한다.

　"지구 중심을 지나갈 때 승객들은 잠시 독특한 무중력 상태를 즐길 수 있을 겁니다. 그곳에서는 '아래'에 아무런 물질이 없지만, 어느 방향을 봐도 똑같이 지구로 둘러싸여 있으니까요." 중심으로 떨어지는 동안 생긴 관성은 객실이 지

지구 중심을 통과하는
터널에 빠지면 어떻게 될까?

구 중심을 지나 지구 관통 터널의 반대편까지 갈 수 있게 해 준다. 그동안 중력은 점점 강해지면서 객실을 가속했던 것과 똑같은 비율로 감속한다. 그래서 중국에 있는 터널 반대편으로 나올 때에는 속도가 0이 된다. 그린은 계속 설명했다. "일단 목적지에 도달하면, 로봇 팔이 객실을 붙잡아 주고, 문이 열리면 승객은 조용히 하차합니다. 그리고 이 여행에서 가장 놀라운 일이 무엇인지 아시나요?" 그린이 호들갑을 떨며 묻고 대답했다. "38분 11초밖에 안 걸린다는 겁니다!"

"누가 첫 승객이 됩니까?" 기자 한 명이 외쳤다. "아, 물론 접니다." 그러면서 그린은 대기하고 있던 객실로 들어가 문을 닫고 버튼을 눌렀다. 그 순간 그린은 치명적인 계산 실수를 저질렀다는 사실을 깨달았다.

덜컹덜컹 여행

그린은 지구 중심을 통과하는 여행의 속도와 소요 시간을 정확히 계산했다. 맨틀에서 핵으로 움직이는 동안 행성의 밀도가 변한다는 사실까지 고려해서 말이다. 그러나 매우 중요한 사실을 놓치고 말았다. 지구는 자전하고 있다. 지구 표면은 중심을 기준으로 초속 약 465m로 움직인다. 표면에 있는 물체는 모두 이 옆으로 움직이는 운동을 함께 한다. 따라서 객실도 터널을 기준으로 보면 옆으로 움직이고 있다. 낙하와 동시에 객실은 터널 벽에 부딪힐 것이고, 떨어지는 동안 내내 이리저리 튕겨 나갈 것이다. 탄성 충돌을 했다고 가정하면, 객실이 반대편에서 나타났을 때 옆으로 움직이는 속도는 초속 930m(음속의 약 3배)에 달한다. 승객은 아마도 정상이 아닐 가능성이 많다.

052 색의 거장은?

바릴로와 데 체코는 르네상스 시대 피렌체의 예술가로, 서로 경쟁하는 사이였다. 두 사람은 독창적인 색채와 물감을 다루는 탁월한 실력으로 인정받고 있었다. 로렌초 데 메디치는 이탈리아에서 가장 위대한 과업을 맡을 사람으로 둘 중 누구를 고를지 고민하고 있었다. 도시 위에 펼쳐진 무지개를 담은 장엄한 풍경화를 누가 더 잘 그릴 것인가에 대해서 말이다.

바릴로가 주장했다. "색에 관해서라면 제가 일인자입니다. 저만이 무지개를 정확하게 묘사할 수 있습니다." 이에 데 체코가 반박했다. "헛소리! 이 허풍쟁이 말을 듣지 마십시오. 무지개의 비밀을 아는 건 저뿐입니다. 이 사기꾼은 무지개에 색깔이 여덟 개 있다고 하지 않습니까!" "흥!" 바릴로가 코웃음을 쳤다. "그러는 이 무능한 자는 여섯 개라고 믿고 있습니다." 바로 그때 레오나르도라는 이름의 영리한 견습생이 말했다. "어느 거장의 말이 옳은지 제가 알아낼 수 있을 것 같습니다."

레오나르도는 단면에 삼각형의 길쭉한 유리를 꺼냈다. "이건 프리즘이라고 합니다." 데 체코가 쏘아붙였다. "건방진 놈. 공께서는 프리즘이 무엇인지 잘 알고 계신다. 그리고 이건 빛에 어둠을 섞어서 색깔을 만들어 주

무지개가 생기는 원리를 처음으로 설명한 아이작 뉴턴은 무지개에 일곱 가지 색깔이 있다고 말했다. 그런데 7이라는 수는 어디에서 나온 걸까? 뉴턴이 정말 옳았을까?

지." 바릴로가 코웃음을 치며 말했다. "그걸 모르는 사람도 있나." 그러나 레오나르도는 굴하지 않았다. 방을 어둡게 만든 뒤 덧문에 좁은 틈 하나만을 남겼다. 그리고 그곳으로 들어오는 햇빛이 통과하도록 프리즘을 놓았다. 햇빛이 무지개처럼 퍼지더니 레오나르도가 놓은 하얀 종이 위에 색색의 빛이 비쳤다. 바릴로가 외쳤다. "보시다시피 제가 말씀드린 대로 여덟 가지 색깔을 보실 수 있습니다." 데 체코가 맞받아쳤다. "말도 안 되는 소리! 분명히 여섯 개밖에 없습니다. 바보가 아니라면 볼 수 있습니다."

로렌초는 색깔을 자세히 들여다보았지만 확신이 들지 않았다. 아무리 봐도 분명하지 않아서 자신이 바보인가 하는 생각도 들었다. "제가 다른 것을 보여 드려도 될까요?" 레오나르도가 말하며, 무지개가 지나가는 길목에 프리즘을 하나 더 놓았다. 그러자 한쪽으로 들어간 무지개는 반대쪽에서 순수한 백색 빛이 돼 나왔다. "보십시오. 햇빛은 사실 여러 가지 색깔의 빛이 합쳐진 것입니다. 나눌 수도 있고 다시 합칠 수도 있습니다." 로렌초는 과업을 맡길 적절한 인재를 찾았다고 생각했다.

무지개 풀어 헤치기

이 이야기에서 레오나르도는 미래인 1660년대 후반에 아이작 뉴턴이 기념비적인 실험으로 발견한 중요한 사실을 뻔뻔하게 훔쳐 왔다. 그전까지는 색이 빛과 그림자, 즉 검은색과 흰색의 혼합으로 생긴다는 이론이 우세했다. 그러나 뉴턴은 프리즘 두 개로 이 가설을 명쾌하게 뒤집었다. 백색광은 여러 색의 빛이 섞여서 이루어진다는 사실을 보였던 것이다. 서로 다른 색의 빛은 프리즘을 통과할 때 굴절하는 정도가 다르기 때문에 햇빛도 스펙트럼이나 무지개로 나뉠 수 있다.

마법의 수

뉴턴은 일곱 가지 색깔(빨강, 주황, 노랑, 초록, 파랑, 남색, 보라)이 있다고 주장했지만, 실제로 색 사이에는 명확한 경계가 없다. 일곱 가지라는 구분은 임의적인 것으로, 7이 모종의 상징적인 중요성을 갖고 있다고 생각했던 뉴턴의 신비주의적인 경향을 반영하고 있다.

053 타자를 치는 원숭이

　　아서는 육중한 금고 문을 닫고, 손잡이를 돌리고, 잠금장치를 빙글 돌린 뒤 말했다. "이제 아무도 이 안에 든 비밀 장부를 찾지 못할 거야." 에디스가 눈썹을 치켜올렸다. "사실, 난 세 시간 안에 그 금고를 열 수 있어." 아서가 코웃음을 쳤지만, 에디스가 계속 말했다. "자물쇠에는 번호가 세 자리밖에 없잖아. 한 자리는 0에서 9까지고. 따라서 가능한 번호의 조합이 1,000가지밖에 안 된다는 뜻이야. 번호 한 개를 맞추고 손잡이를 돌리는 데 10초가 걸린다고 하면, 1,000개를 다 해 보는 데 1만 초가 걸리지. 그건 167분이고, 2시간 47분이야. 그것도 도중에 금고가 열리지 않는다고 할 때 얘기지."

　　아서는 이마를 찡그리며 손톱을 물어뜯었다. "하지만 저 안에는 아주 중요한 비밀이 들어 있다고! 잠금장치에 자릿수를 추가해야겠어. 그러면 절대 열지 못할 거야." "나라면 '절대'라고는 말하지 않을 거야." 에디스가 지적했다. "물론 더 오래 걸리기는

하겠지. 그래 봤자 가능한 조합의 수는 1만 개밖에 안 돼. 기껏해야 28시간 동안 시도 하면 되는 일이라고." 아서는 밖으로 나가서 새 잠금장치를 사 왔다.

"좋아." 아서가 잰 체하며 말했다. "이 새 디지털 잠금장치는 알파벳을 이용해서 여섯 자리 암호를 만들 수 있어. 과연 이걸 풀 수 있는 사람이 있을까?" 에디스는 잠 금장치를 컴퓨터에 연결한 뒤 작동시킬 준비를 했다. "한 자리에 들어갈 수 있는 알파 벳은 26개야. 따라서 가능한 조합의 총 개수를 뜻하는 '탐색 공간'은 266, 즉 약 3억 900만이지. 내 컴퓨터로 가능한 조합을 전부 시도하는 데에는 1초도 걸리지 않아. 됐 다. 당신의 암호는……, 'secret'이네. 나 원 참, 그냥 내가 찍었어도 됐겠네."

아서의 표정이 굳자 에디스는 안쓰러운 생각이 들었다. 에디스는 단순히 '무차별 대입' 기법을 이용한 해킹 프로그램을 썼을 뿐이라고 설명했다. 간단히 말해 모든 조 합을 하나씩 다 시험해 보는 것이다. 컴퓨터는 아주 빨라서 이런 일을 쉽게 할 수 있 다. "해결책은 무차별 대입으로는 맞힐 수 없을 정도로 탐색 공간의 크기를 키우는 거 야. 시에서 몇 줄 따오거나, 기억하고 있는 책의 글귀를 이용해 보는 건 어때? 예를 들 어 암호가 'To be, or not to be'라면 내 컴퓨터로 무차별 대입 기법을 이용해 암호를 푸는 데 1만 5,000조 세기나 걸리거든." 아서의 기분은 별로 나아지지 않았다. "잠깐 만. 나 이런 얘기 들어 본 적 있어. 컴퓨터가 타자기 앞에 있는 원숭이를 잔뜩 시뮬레 이션해서 순식간에 해결해 버릴 수 있지 않아?"

무한 원숭이 정리

영국의 물리학자 아서 에딩턴(1882~1944)은 열역학 제2법칙이 깨질 확률보다 원숭이 무리가 우연히 '영국 박물관에 있는 모든 책'을 타자기로 칠 확률이 훨씬 더 높다고 이야기했다. 그 뒤로 이 정리는 무한의 힘과 한계를 나타내는 사례가 되었다. 무한히 많은 원숭이에게 무한한 시간이 있다면 언젠가 셰익스피어의 작품을 모두 써낼 수 있다는 건 사실이지만, 우주는 무한하지 않다. 한 계산에 따르면, 우주 전체가 최후 의 시간이 올 때까지 무작위로 타자기를 치는 원숭이로 가득 차 있다고 할 때 어떤 원숭이가 셰익스피어의 햄릿을 쓸 확률은 대략 10^{183800}분의 1이다.

054 현실은 진짜일까

"행사장에 정말 안 갈 거야?" 조가 물었다. 기유는 귀찮다는 듯 손을 저었다. 기유는 모니터로 가상 인간을 구경하느라 정신이 없었다. 조그만 가상 인간의 삶은 정말 매혹적이었다. 진짜 사람처럼 상호 작용하며 전쟁을 벌이고, 사랑에 빠지고, 새로운 기술을 발명하고, 예술 작품까지 만드는 모습이라니. 이 모든 게 21세기에 만들어진 낡은 컴퓨터로 실행되는 다소 간단한 프로그램이었다.

조는 굳이 다시 묻지 않았다. 기유가 멍청한 게임이나 붙들고 앉아 있다고 해서 역사적인 순간을 놓칠 생각은 없었다. 월면 컴퓨터가 곧 모습을 드러낼 예정이었고, 조는 그 순간을 놓치고 싶지 않았다. 셔틀에 올라탄 조는 달 궤도로 올라가 다른 수백만 명과 함께 대통령이 역사상 가장 강력한 컴퓨터를 켜는 모습을 지켜보았다. 나노봇은 지구의 위성 전체를 1초에 10^{40}개의 연산을 할 수 있는 광대한 처리 장치로 바꾸어 놓았다.

"태양계 주민 여러분." 대통령이 말했다. "오늘 우리는 인류 역사에서 지금까지 불가능했던 위대한 계획을 시작합니다. 이제

우리가 시뮬레이션 우주에 살고 있지 않다고, 즉 고도로 발달한 존재가 만든 가상 세계에 살고 있지 않다고, 현실 세계의 진짜 의식을 컴퓨터로 모사한 존재가 아니라고 확신할 수 있을까?

손에 넣은 막대한 연산 능력으로 우리는 진정한 자율적 의식 하나만을 시뮬레이션하는 것을 넘어서 인류 역사의 정신 모두를 시뮬레이션할 수 있게 됐습니다. 이 놀라운 기술 덕분에 우리는 문화와 지적 진화를 모델링하고, 새롭고 비범한 통찰력을 얻어 우리의 힘을 더욱 키울 수 있을 것입니다."

지구에서는 기유가 가상 인간을 구경하며 놀라고 있었다. 가상 인간 몇 명이 컴퓨터의 원리를 개발해 스스로 디지털 컴퓨터를 만들고 있었던 것이다. 시뮬레이션의 한계를 나타내고 있던 표시가 빨갛게 깜빡이기 시작했다. 오래된 컴퓨터의 처리 장치가 한계에 다다르고 있다는 뜻이었다. 컴퓨터 안의 컴퓨터를 처리하기에는 연산 능력이 부족한 모양이었다. 안타깝지만, 기유는 시뮬레이션을 종료하고 뉴스로 시선을 돌렸다. 그러나 대통령의 연설을 듣는 순간 기유는 끔찍한 깨달음을 얻었다. 공포에 질린 기유가 통신을 연결했다.

"조! 조! 그 컴퓨터를 켜면 안 돼!" 기유가 소리쳤다. "그걸 켜면, 우리는……, 우리는 꺼지고 말 거야!"

시뮬레이션 가설

철학자 닉 보스트롬(1973~)은 인류가 먼 미래까지 생존한다면 막대한 연산 능력을 얻을 것이며, 이는 완전한 인간과 같은 의식을 시뮬레이션하는 데 쓰일 것으로 생각한다. 만약 진짜 정신적 존재가 의식으로 가득 찬 우주를 시뮬레이션할 수 있다면, 아마도 그런 시뮬레이션을 여러 개 만들 것이고, 시뮬레이션 의식은 진짜 의식보다 수가 훨씬 많을 것이다. 따라서 우리는 시뮬레이션의 하나일 가능성이 훨씬 높다.

정보가 넘치면

이 가상의 이야기에서 기유는 보스트롬이 경고한 위험을 깨달았다. 우리가 만약 시뮬레이션 안에 살면서 스스로 아주 복잡한 시뮬레이션을 돌릴 수 있을 정도로 발전한다면, 우리를 시뮬레이션하는 컴퓨터의 처리 능력을 넘어서게 될 가능성이 있다. 그러면 어쩔 수 없이 시뮬레이션이 종료되고 말 것이다.

055 저승사자와의 게임 법칙

은쾀베가 샌드위치를 먹고 있을 때 저승사자가 찾아온다. 은쾀베는 샌드위치를 놓고 묻는다. "샌드위치 때문에 죽는 건가요?" 저승사자의 머리, 혹은 검은 후드로 가려진 어두운 공간이 천천히 좌우로 흔들린다. "아니라는 거로군요. 음, 그럼 뭐지요? 심장 마비로 죽기에는 너무 젊은데요." 저승사자는 뼈만 있는 손을 뻗어 양옆으로 기울인다. 은쾀베가 다시 입을 연다. "뭐, 상관없어요. 나는 아직 죽을 준비가 되지 않았어요. 게임이나 하나 해요. 저승사자 님은 게임하는 것을 좋아하잖아요. 제가 이기면 저는 살고, 지면 조용히 따라갈게요." "좋다." 저승사자가 읊조린다. "체스로 할 텐가, 아니면 포커?"

은쾀베는 동전 던지기를 제안한다. 단, 한 번이 아니라 2만 번 던지기로. "시간을 벌려고 하는군. 하지만 소용없는 짓이다. 내게는 아무리 긴 시간도 순간일 뿐." 저승사자가 커다란 금화를 꺼냈다. 한 면에는 뱀의 꼬리가, 다른 면에는 해골과 십자 모양으로 놓인 뼈가 새겨져 있다. "앞이냐, 뒤냐?"

은쾀베는 재빨리 머리를 굴린다. 저승사자는 엄지손가락 뼈 위에 앞면이 위로 향하도록 금

동전던지기는 무작위의 대표 사례로 꼽힌다. 그러나 여러 연구 결과가 동전 던지기의 공평함에 의문을 제기한다. 왜 공평하지 않다는 걸까?

화를 올려놓는다. 은쾀베는 동전히 허공에서 아무리 많이 돌아도 앞면이 위로 시작했으니 떨어질 때에도 그 상태로 떨어질 확률이 조금이나마 높다고 추측한다. 홀수부터 수를 세기 시작하면 홀수를 짝수와 똑같이 세거나 더 많이 세게 된다는 이유와 같다고 생각한 것이다. "앞면이 위로 시작하면 전체적으로 회전하는 동전은 앞면이 위인 상태로 있는 시간이 더 많다고 생각하고 있군. 네 추측은 틀렸다."

그러자 은쾀베가 다른 제안을 한다. "동전을 돌리기로 해요." 저승사자는 불편한 기색이다. "그 생각은 마음에 들지 않는군. 이 동전은 확실히 어느 한쪽이 더 무겁다. 무거운 쪽이 아래쪽에 올 확률이 높지." "좋아요. 그럼 그냥 던지기로 해요." 은쾀베가 자신 있게 말한다. "전 앞면을 고르겠어요." 은쾀베는 내기에서 이긴다.

흔들리기 때문에

은쾀베는 저승사자가 모르는 무엇인가를 알고 있다. 세차 운동 – 동전이 허공에서 회전할 때 생기는 축의 흔들림 – 때문에 동전은 처음 시작할 때와 똑같은 면이 위로 향한 채 떨어질(다시 튀어 오르지 않는다면) 확률이 살짝 높다. 앞면을 위로 향한 채 2만 번을 던지면, 은쾀베는 앞면이 약 1만 200번 나올 것이라 예상할 수 있다. 물론 저승사자가 동전을 손으로 받아서 다른 손등 위에 뒤집어 올려놓는 방식을 쓴다면 곤란해지겠지만.

동전을 돌리면

동전 돌리기에 관한 저승사자의 걱정은 옳다. 예를 들어, 미국의 페니는 링컨의 얼굴이 있는 면이 링컨 기념관이 있는 뒷면보다 더 무겁다. 이 동전을 돌리면 약 80%의 확률로 뒷면이 위로 올라온다.

🌱 056 올라가는 공과 내려오는 공

제빵사 베브는 파이를 빨리 만들기로 유명하고, 대식가 거스는 파이를 좋아하기로 유명하다. 베브는 거스가 먹는 속도로 파이를 만들 수 있다. 시장인 마이어는 두 사람의 속도를 재서 이를 확인한다. 베브는 파이를 1분에 열 개 만들 수 있고, 거스는 1분에 열 개 먹을 수 있다. 도박사 개빈이 대결을 제안한다. 베브는 파이 100개를 만들 수 있는 재료를 받는다. 만약 파이를 만드는 데 걸리는 시간보다 짧은 시간 안에 파이가 모두 사라진다면 거스가 이긴다. 도박사 개빈은 이 결과를 놓고 판돈을 받을 것이며, 비기는 경우에는 돈을 건 모두에게 지불하겠다고 말한다.

마이어는 개빈이 미쳤다고 생각한다. 단순히 계산해 봐도 거스가 파이를 먹는 데 걸리는 시간과 베브가 파이를 만드는 데 걸리는 시간은 똑같다. 개빈은 마이어에게 도시에 퍼져 있는 쥐들을 잊고 있다고 지적한다. 쥐들은 어디에서나 빵을 갉아 먹고 있다. 마이어는 쥐가 있다는 건 인정하지만 파이 하나를 먹는 데 10분이 걸리기 때문에 결과에 영향을 끼치지는 않는다고 주장한다. 개빈은 그 정도면 자신이 거스에게 걸 만한 이유가 충분하다고 말한다.

대결이 시작된다. 베브는 귀신 들린 사람처럼 파이를 굽는다. 그러나 최고 속도로 일했음에도 쥐들이 파이를 갉아 먹는다. 파이 100개를 만드는 데 10분이 걸렸지만, 쥐가 파이 하나를 먹어 치웠기 때문에 추가로 하나를 더 만드는 데 6초가 걸린다. 파이 굽기가 끝나자마자 거스가 먹기 시작한다. 쥐들도 계속 파이를 갉아 먹어서 하나를 해치웠고 이제 거스는 남은 99개만 먹으면 된다. 파이는 9분 54초 만에 모두 사라진다. 거스는 12초 차이로 대결에서 이긴다. 개빈은 부자가 된다.

"중력이 간단하다는 사실은 정말 인상적이다···,
따라서 중력은 아름답다."

리처드 파인만(1918~1988)

두 힘의 상호 작용

거스와 베브는 각각 올라가는 공과 내려가는 공에 비유할 수 있다. 두 사람이 파이를 먹는 정도와 만드는 정도는 중력장 안에서 물체가 가속을 경험하는 것에 비유할 수 있다. 쥐는 공기 저항과 같다. 파이 100개는 베브가 만드는 것보다 더 빨리 사라진다. 두 사람이 똑같은 속도로 작업하지만, 쥐들은 거스를 도우며 베브를 방해하기 때문이다.

위로 올라가는 공은 중력과 공기 저항을 같은 방향으로 받는다. 중력과 공기 저항은 공을 감속시켜 초기 속도를 0까지 떨어뜨린다. 떨어지는 공에는 중력과 공기 저항이 반대로 작용한다. 속도가 0에서 늘어나는 동안 두 힘은 서로 상쇄한다. 따라서 떨어지는 공은 올라가는 공과 똑같은 거리를 움직이는 데 걸리는 시간이 더 길다.

공이 위로 올라갈 때와 내려올 때 작용하는 중력은 똑같다. 그런데 왜 올라갈 때보다 내려올 때 시간이 더 걸리는 걸까?

057 시간이 흐르면 줄어드는 것

　샤프 부인은 차 한 잔을 더 따른 뒤 앉아서 음미하며 반달 모양의 안경 너머로 다른 손님들을 관찰했다. 모두 불안해 보였다. "지금까지 아는 사실을 정리해 볼까요? 불쌍한 아버스놋 대령은 8일 전에 런던에서 살해당했어요. 하지만 여기 계신 숙녀분들은 모두 2주 전부터 여기 도셋에 있었다고 하시는군요. 그러면 여러분은 당연히 범인이 아니겠지요?" 여인들은 모두 안도했지만 잠시뿐이었다.

　"그런데 네 분 모두 타고난 갈색 머리는 아니시네요. 그런데도 머리 염색 취향은 똑같으신 것 같군요. 전 이 특이한 갈색이 메이페어의 브루인 씨 가게에서만 가능하다는 것도 안답니다. 그래서 말인데, 괜찮으시다면 저를 위해서 머리카락 한 줌씩만 제공해 줄 수 있으신가요? 여기 계신 헨리 경께서 가져가 분석을 하실 거예요." 여인 네 명은 투덜거렸지만 승낙했다. 이틀 뒤, 헨리 경이 샤프 부인에게 분석 결과를 가져왔다. "흠, 예상했던 대로예요. 용의자가 나온 것 같군요."

고고학 유물의 연대는
어떻게 측정할까? 그런 기술은
토리노의 수의에 관해 무엇을
알려 줄 수 있을까?

헨리 경은 깜짝 놀랐다. 어떻게 확신할 수 있을까? "이 분석 결과에 따르면, 세 명은 원래 색깔 머리카락에 대한 갈색 머리카락의 비율이 9대 1보다 적어요. 머리가 자라는 속도가 모두 똑같다고 가정하면, 세 사람은 모두 지난 2주 안에 염색을 하지 않았어요. 그런데 스트라이커 부인의 머리는 99% 갈색이에요. 지난 일주일 안에 머리를 염색했다는 뜻이지요. 따라서 스트라이커 부인은 자기 증언보다 최근에 런던에 다녀온 게 분명해요!"

탄소 연대 측정

샤프 부인이 물들인 머리와 그렇지 않은 머리의 비율이 시간이 흐를수록 줄어든다는 사실을 이용해 용의자가 런던에 다녀온 날짜를 추측하고 있다. 고고학자들은 동물의 뼈나 숯이 된 나무, 고대의 옷감 같은 유기물의 연대를 측정하기 위해 비슷한 원리를 쓴다. 대기 중의 이산화탄소에는 적지만 꽤 일정한 비율로 방사성 원소인 탄소-14(^{14}C)가 있다. 식물이 살아 있을 때에는 끊임없이 대기에서 새로운 탄소를 받아들이기 때문에 ^{14}C의 비율이 대기와 똑같이 유지된다. 식물을 먹고 사는 동물도 마찬가지다. ^{14}C는 방사성 원소라 시간이 흐르면 훨씬 더 흔한 ^{12}C로 붕괴한다. 생명체가 죽으면 더 이상 ^{14}C가 보충되지 않는다. 그래서 ^{12}C에 대한 ^{14}C의 비율이 줄어들기 시작한다. 얼마나 줄어들었는지를 측정하면 – 탄소 연대 측정법이라 한다. – 생명체가 죽은 뒤 시간이 얼마나 흘렀는지 알 수 있다.

토리노의 수의

토리노의 수의는 죽은 예수 그리스도를 감쌌다고 하는 수의로, 십자가형을 당한 예수의 형상을 기적처럼 담고 있다. 이 천의 일부를 탄소 연대 측정법으로 측정한 결과 ^{12}C에 대한 ^{14}C의 비율은 14세기에 수확한 식물과 비슷한 수준이었다. 이 결과를 믿지 않는 사람들은 측정에 쓴 천 조각이 수의를 수선할 때 썼던 것이라고 주장하지만, 이 수의는 1350년경에 처음 등장한 게 분명해 보인다.

058 정사각형 바퀴 자전거

　스벤퀴스트 선장은 행성 케플러-B238의 기묘한 표면 지형을 조사하고는 실망했다. 선장은 이곳에서 1년을 근무해야 했는데, 여유 시간에 가장 좋아하는 취미인 자전거를 타면서 견딜 생각이었다. 은하계 탐사국에서 우주선에 자전거를 실어도 된다는 허가를 받는 일은 쉽지 않았다. 간신히 가장 좋아하는 산악자전거를 갖고 400광년을 날아왔는데, 구석에 처박아 놓을 수는 없었다.

　선장은 엎드려서 기이한 지형을 자세히 살펴보았다. 이 행성의 표면은 마치 바닷물이 얼어붙은 것처럼 물결치고 있었다. 하지만 상당히 균일했다. 핸드 스캐너로 조사한 결과 물결 모양의 둥근 골과 마루는 수학적으로 정확한 형태를 따랐다. 케플러 B-238의 독특한 기후 때문인 것이 분명했다. 계기에 따르면, 물결의 단면은 현수선이 완벽하게 뒤집혀서 이어진 모양이었다.

　선장은 불굴의 의지로 자전거에 올라타서 움직이기 시작했다. 하지만 바퀴를 한 바퀴 돌리기도 전에 등뼈가 덜덜거려서 멈출 수밖에 없었다. 조금만 타도 자전거가

바퀴가 정사각형인 자전거를 어떻게 탈 수 있을까?

산산조각날 것 같았다. 덜컹거리지 않고 부드럽게 탈 방법, 바퀴의 각 모서리가 회전할 때 뒤집힌 현수선을 그리게 되는 모양이 필요했다. 컴퓨터를 이용하자 금세 답을 얻을 수 있었다. 정사각형이었다. 선장은 3D 프린터로 몇 분 만에 둥근 바퀴를 정사각형으로 바꿨다. 물결 모양의 외계 행성에서 조금도 덜컹거리거나 옆으로 쏠리지 않으며 수평으로 부드럽게 달릴 수 있게 되자 선장은 기뻐했다. 적어도 방향을 바꿔야 하기 전까지는…….

부드럽게 움직이는 자전거

가운데를 중심으로 회전하는 정사각형의 모서리는 뒤집힌 현수선을 그린다. 그래서 정사각형 바퀴가 적당한 크기의 뒤집힌 현수선 위에서 굴러갈 수 있다. 그동안 바위의 축은 수평을 유지하며, 일정한 속도로 움직인다. 미네소타주 세인트폴 매캘러스터 대학의 수학자 스탠 웨건(1951~)은 바퀴가 정사각형인 세발자전거를 만들어 뒤집힌 현수선 위에서 타 보였다. 하지만 앞으로 곧장 갈 때에만 가능한 일이다.

어떤 표면에서도 가능한 바퀴

서로 다른 도형은 축을 중심으로 회전하면서 서로 다른 곡선이나 모양을 그린다. 기하학적으로 일정한 표면이라면 거의 모든 곳에서 부드럽게 움직일 수 있는 바퀴 모양이 하나 있다. 예를 들어, 톱니 같은 표면에서는 등각 나선의 일부를 이용해 만든 '꽃잎' 네 개로 이뤄진 꽃 모양의 바퀴를 이용하면 된다.

"삶은 자전거 타기와 같다.
균형을 잡으려면 계속 움직여야 한다."

알베르트 아인슈타인(1879~1955)

059 과거와 미래를 아는 점쟁이

베르너 하이젠베르크와 켈빈 경은 구슬 커튼을 옆으로 제치고 국민의 예언자(간판에 이렇게 쓰여 있었다.) 아브니르 부인의 응접실로 들어섰다. 강렬한 향기가 밀려 들어왔다. 불빛은 모두 붉은 천으로 덮여 있었다. 아브니르 부인이 명망 있는 물리학자 두 사람을 향해 앉으라고 손짓했다. "미래를 점칠 수 있다고 주장하신다는 말을 들었습니다, 부인." 켈빈 경이 먼저 입을 열었다. "우리는 당신의 허튼수작을 멈추려고 왔습니다." 아브니르 부인은 눈썹을 치켜세우더니 탁자 위에 작은 상자를 하나 놓았다. 상자 안에서 작은 악마 한 마리가 계산기를 들고 나왔다. "시작해." 아브니르 부인이 말하자 악마가 미친 듯이 계산기를 두드렸다. "곧 이 만남의 결과를 알려줄 겁니다." 아브니르 부인이 설명했다.

"아직 이릅니다, 부인." 하이젠베르크가 외치며 방사성 물질이 든 조그만 유리병 하나와 가이거 계수기를 꺼냈다. "가능한지 모르겠지만, 이 계수기가 언제 울릴지 예측하게 해 보시죠."

만약 우주의 미래 상태가 과거와 현재 상태에 의해 정해져 있다면, 충분한 정보를 가진 존재가 물리 법칙을 이용해 우주의 역사 전체를 결정할 수 있지 않을까?

악마는 당황스러워 보였다. 켈빈 경이 끼어들며 탁자 위에 기체가 든 상자 하나를 내려놓았다. "저는 5분 뒤에 이 상자 안의 기체 입자가 어떻게 분포될지 예측해 보라고 하고 싶군요." 악마가 땀을 흘리기 시작했다. 하이젠베르크가 주머니에서 나비 한 마리가 들어 있는 병을 꺼내 나비를 풀어 놓으면서 치명타를 날렸다. "이 나비의 날갯짓이 다음 몇 달 동안 플로리다의 날씨에 어떤 영향을 끼칠지 알아맞혀 보라고 해 보시죠." 악마는 폭발하며 보라색 연기와 종이 한 장을 남기고 사라졌다. 아브니르 부인이 종이에 쓰인 글을 읽었다. "악마는 여러분이 자신을 파괴하고, 남은 시간에 라디오를 들으며 보낼 거라고 예측했어요." 하이젠베르크와 켈빈 경은 얼굴을 마주 보며 웃었다. "그러면 그 대신 우리는 영화관에 가겠습니다."

라플라스의 악마

계몽 시대에는 우주가 근본적으로 결정돼 있다고 믿는 경향이 있었다. 미래가 현재와 과거의 상태를 충분히 알면 미래의 상태를 예측할 수 있다는 뜻이다. 키케로(기원전 106~43)나 라이프니츠(1646~1716), 라플라스(1749~1827) 같은 뛰어난 사상가들은 충분한 정보와 처리 능력이 있다면 과거에서 현재, 미래에 이르는 우주의 전체 역사를 알아낼 수 있다고 말했다. 이런 추측은 오늘날 라플라스의 악마로 불린다. 아브니르 부인은 바로 이와 같은 악마를 고용한 셈이다. 그러나 19~20세기 물리학의 발전은 이런 생각을 깨뜨렸다.

불확정성의 원리

라플라스의 악마는 여러 가지 원리에 의해 무너진다. 열역학 제2법칙은 정보가 보존되지 않고 가차 없이 사라진다는 사실을 보여 준다. 양자 역학에서 나오는 불확정성의 원리에 따르면, 어떤 입자의 위치와 운동량을 동시에 정확히 측정하는 것은 불가능하다. 따라서 방사성 원소의 붕괴는 예측할 수 없는 현상이다. 수학에서 이야기하는 혼돈 이론은 측정의 정확도 – 악마가 의존하고 있는 – 를 높여도 예측의 정확도가 높아지지는 않는다는 사실을 뜻한다.

060 다 같이 돌자 세상 한 바퀴

테네스는 태양과 비슷한 별을 공전하는 작은 행성에 산다. 테네스가 극 방향으로 행성을 한 바퀴 도는 계획을 짜면서 지상 차에 연료를 얼마나 넣어야 할지 알아낼 필요가 생긴다. 하지만 아무도 답을 알고 있는 사람이 없던 참에 도움을 주겠다는 에라토스를 만난다. 어느 여름날 에라토스는 Aaa라는 마을로 간다. 그곳에는 태양이 머리 바로 위에 있다. 그리고 북쪽으로 100유닛 떨어져 있는 Bbb라는 마을로 테네스를 보낸다. 두 사람은 땅에 막대기를 수직으로 꽂는다. Aaa에서 태양이 머리 위에 오자 막대기의 그림자가 사라진다. 에라토스는 테네스에게 신호를 보내 막대기와 막대기 끝에서 그림자 끝을 잇는 선 사이의 각도를 재도록 한다.

에라토스는 이제 행성의 둘레를 계산하는 데 필요한 정보를 모두 얻는다. 고대 지구의 기하학자 유클리드(기원전 325~265)에게서 배운 수학 법칙 몇 개만 있으면 할 수 있다. 첫 번째 법칙은 원에 접하는 선에 수직인 선을 그리면 원의 중심을 지나간다는 것이다. 이 경우 막대에서 행성 중심까지 이어지는 선이 각각 수직이므로 원을 부채꼴 한 조각으로 자른

지구가 평평하지 않다는 사실은 어떻게 알 수 있을까? 나아가 우주로 나가지 않고 수학과 기하학을 이용해 그 사실을 증명할 방법이 있을까?

것과 같다. 만약 에라토스가 이 부채꼴의 중심각을 구할 수 있다면, Aaa와 Bbb 사이의 거리가 행성 둘레의 일부분이라는 사실을 이용해 둘레를 계산할 수 있다.

이 각을 알아내기 위해 에라토스는 유클리드의 두 번째 법칙을 이용한다. 평행한 두 선을 가로지르는 선을 하나 그리면 엇각(평행선 안쪽에서 가로지르는 선의 양쪽에 있는 각)은 서로 같다는 것이다. 여기에서 평행선은 태양빛이고, 가로지르는 선은 Bbb에서 행성의 중심까지 그은 수직선이다. 테네스가 Bbb에서 측정한 각은 Aaa, 중심, Bbb 세 점이 이루는 부채꼴의 중심각이다. 그 값은 6°이므로, 부채꼴의 중심각 역시 6°다. 이는 원의 60분의 1(원의 중심각은 360°이므로)이다. 원호의 길이는 100유닛이므로, 행성 전체의 둘레는 6,000유닛이 틀림없다. 6,000유닛을 달릴 수 있는 연료를 실었다는 사실을 확인한 테네스는 극지를 향해 여행을 떠난다.

시에네의 정오

에라토스는 기원전 3세기에 알렉산드리아 도서관 관장이었던 고대 그리스 학자 에라토스테네스(기원전 276~194)의 기념비적인 발견을 모방했다. 에라토스테네스는 이집트 시에네에서 하지 정오에 우물 바닥까지 햇빛이 닿으며, 지팡이를 땅에 꽂아도 그림자가 생기지 않는다는 말을 들었다. 같은 시각 알렉산드리아에서는 땅에 꽂은 지팡이가 그림자를 드리웠다. 이 정보와 간단한 기하학 지식을 이용해 에라토스테네스는 지구가 둥글다는 사실을 증명했고, 현대에 측정한 값과 1~2%밖에 다르지 않을 정도로 정확하게 그 둘레를 계산했다.

"에라토스테네스는 지리학자 중의 수학자였으며,
수학자 중의 지리학자였다."

H. L. 존스 편집, 스트라보의 지리학(1917)

061 휘발유에 담뱃불을 던지면?

맥블라모는 헬리콥터에서 뛰어내려 유조차의 잔해를 살펴보았다. 닥터 에빌은 뒤틀린 금속에 낀 채 빠져나오려고 발버둥 치고 있었고, 그 뒤에서 부하들이 그를 힘껏 밀어 주고 있었다. 기분이 흡족한 맥블라모는 담배를 입에 물고 불을 붙인 뒤 한 모금 깊이 빨아들였다가 연기를 내뿜었다. "담배가 몸에 나쁘다고들 하더군. 그 말이 사실일지도 모르겠어." 맥블라모가 천천히 말하더니 땅에 고인 휘발유 웅덩이에 불이 붙은 담배를 던졌다.

"컷!" 하얀 가운을 입고 화면 한가운데로 뛰어 들어온 남자를 향해 감독이 팔을 휘두르며 외쳤다. "저 인간 누구야? 어떻게 여기 들어온 거야?" 하얀 가운을 입은 남자는 못마땅한 표정을 하고 축축한 담배를 쳐다보았다. 내민 명함에는 '과학 조사원'이라고 쓰여 있었다. "과학 조사원이 뭐야?" 감독이 화를 냈다. "미안하지만, 촬영을 막을 수밖에 없을 것 같소. 당신 영화에는 과학적으로 부정확한 내용이 너무 많아." "뭐가 어째?"

"예를 들어 이 휘발유 액션을 보시오. 완전히 말도 안 돼. 담배로 액체 휘발유에 불을 붙일 수는 없소이다." 맥블라모를 연기하는 배우 스코티 프랜차이즈가 항의했다. "뭐라고? 담뱃불의 온도는 섭씨 900도야. 그 정도면 휘발

블록버스터 영화에 흔히 나오는 장면이지만, 정말로 휘발유에 성냥을 떨어뜨리면 불이 붙을까?

유에 불을 붙이기에 충분하다고." "그래, 맞아." 닥터 에빌을 연기하는 배우도 거들었다. "게다가 휘발유 증기는 섭씨 250도에서 불이 붙는다고." 과학 조사원은 고개를 저었다. "하지만 당신은 지금 증기에 불을 붙이는 게 아니오. 담배를 액체 휘발유 안으로 던졌잖소. 그러면 불이 꺼져 버린다고. 불붙은 담배를 휘발유 위에 있는 증기에 갖다 댄다고 해도 잠깐 사이에 증기에 불이 붙을 정도로 열을 전달할 수는 없소."

"이봐, 이 머저리들!" 감독이 외쳤다. "이 영화는 예산이 빠듯하다고. 시간이 곧 돈이야. 이런 말 같지 않은 소리를 듣고 있을 시간이 없어. 휘발유에 불을 붙이려면 뭐가 필요하다고?" 스코티 프랜차이즈가 말했다. "불은 어떨까? 그러면 증기에 불이 붙어서 화염이 액체까지 번지겠지." 과학 조사원은 고개를 끄덕이며, 그렇게 하면 폭발로 위험해질 수 있다고 경고했다. 안절부절못하던 감독은 말을 끊어 버리더니 라이터에 불을 붙여 휘발유 웅덩이 위에 갖다 대며 외쳤다. "어쨌든 이 영화는 펑 터지면서 끝나는 거야!"

담뱃불의 온도

과학 조사원의 말이 옳다. 휘발유 증기는 휘발유에 불이 붙게 하는 아주 위험한 요소이다. 그러나 증기에 불을 붙이는 일도 그렇게 간단하지는 않다. 과학수사관 레베카 주웰 등이 2010년 연구한 바에 따르면, 뜨거운 물체에서 휘발유 증기로 열이 이동해 불이 붙으려면 물체의 온도가 980~1130℃는 돼야 한다. 담뱃불은 이 정도로 뜨겁지 않다.

휘발유의 에너지

집에서 휘발유를 가지고 실험하는 일은 굉장히 위험하므로 시도해서는 안 된다. 휘발유 3분의 1컵에 불이 붙으면 성냥 5,100개가 동시에 타는 것과 같은 에너지가 나온다.

⚘ 062 자유 낙하의 충격

아인슈타인과 뉴턴이 추락하는 엘리베이터에 갇혀 있다. 두 사람은 어떻게 해야 살아남을 확률이 가장 높을지 논쟁한다. 뉴턴은 상대적인 운동에 관해 생각한다. 뉴턴은 엘리베이터가 지상에 부딪히는 순간 위로 힘껏 뛰어오르는 방법을 제시한다. 위로 향하는 가속도가 아래로 향하는 가속도를 완전히 상쇄하지는 못하더라도 조금 나아질 수 있다는 것이다. 아인슈타인은 이 추론의 잠재적인 문제점을 지적한다. 통제 불가능한 낙하로 생기는 막대한 운동량과 비교하면 두 사람이 최대로 낼 수 있는 힘이라고 해도 보잘것없다. 그리고 차라리 그러는 편이 나은데, 만약 뛰어오르는 힘이 강하다면 아마도 엘리베이터 천장에 머리를 박게 된다는 것이다.

또 아인슈타인은 뛰려면 바닥을 밀어야 하는데, 두 사람 다 떨어지기 시작할 때 무릎을 굽히고 있지 않았다고 지적한다. 지금은 자유 낙하 상태에 있으니 무릎을 굽혀 봤자 허공에 뜰 뿐이다. 아인슈타인은 바닥에 눕는 게 가장 현명한 방법이라고 제안한다. 그러면 충격력이 넓은 면적으로 분산될 것이며, 가

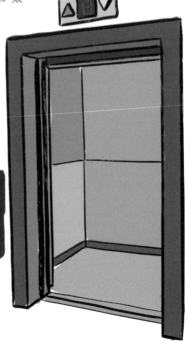

추락하는 엘리베이터가
지상에 떨어지는 순간 뛰어오른다면
살아남을 수 있을까?

장 중요한 뼈가 수직이 아닌 수평 상태에서 충격을 받을 것이기 때문이다.

뉴턴은 지금 자유 낙하 상태에 있어서 바닥에 누울 수 없고 손잡이를 붙잡고 내려가 바닥에 몸을 고정해야 한다고 반박한다. 또 엘리베이터가 바닥에 닿을 때 몸이 받을 가속도를 결정하는 중요한 변수를 아인슈타인이 고려했는지 의문을 제기한다. 결국, 뉴턴은 똑바로 서 있다가 필요하다면 발가락을 구부려서라도 뛰어오르고, 아인슈타인은 손잡이를 잡고 가능한 한 바닥에 납작하게 누워 있기로 한다. 누가 충격에 더 잘 견딜까?

무릎을 굽히면

추락하는 엘리베이터에 갇힌 사람에게 해 주는 조언은 제각각이다. 많은 사람은 누우라고 이야기하지만, 뉴턴의 말에 일리가 있다. 충돌 시의 가속(또는 급격한 감속)은 뇌에 손상을 입힌다. 따라서 가속도가 클수록 떨어지는 사람의 피해도 크다. 가속도의 크기는 $a = v^2/2d$로 나타내는데, v는 충돌 시의 속도, d는 멈추기까지 움직인 거리를 뜻한다. d가 클수록 a는 작아진다. 따라서 똑바로(충격 완화를 위해 무릎을 구부렸다고 할 때) 서 있어서 추가로 생기는 거리(약 1.5m)는 뇌가 살아남을 확률을 조금이나마 높여 줄 수 있다.

엘리베이터 추락 세계 기록

가장 높은 곳에서 추락한 엘리베이터에 탔다가 살아남은 사람은 베티 루 올리버로, 1945년 엠파이어 스테이트 빌딩에 비행기가 부딪쳤을 때 75층(300m 이상)에서 떨어지고도 생존했다. 에어 포켓 또는 둥글게 감긴 케이블 덕분이었을 것으로 추측하고 있다.

063 식빵에 적용되는 머피의 법칙

젠더는 거의 매일 아침 자신의 서툰 몸짓을 탓한다. 토스터에서 식빵을 꺼내 접시 위에 올려놓고 버터를 두껍게 바른 뒤 부엌에 있는 식탁으로 가져가는데, 항상 뭔가에 발이 걸리고 만다. 설상가상으로 식빵은 항상, 버터를 바른 쪽이 아래로 떨어진다. 식빵을 들어 올려도 고양이털과 부스러기로 뒤덮여 있어서 처음부터 다시 해야 한다.

이런 유형을 깨뜨리기 위해 젠더는 갖가지 변화를 시도해 본다. 다른 종류의 식빵을 사 보고, 식빵 덩어리를 직접 잘라 보기도 하고, 잼을 발라도 보고, 다른 종류의 버터와 마가린을 발라 보기도 하고, 식빵 굽는 시간을 달리해 보기도 하지만, 모두 소용이 없다. 버터를 얇게 펴 바르거나 대충 얹어도 아무런 차이가 없어 보인다. 식빵은 항상 버터 바른 쪽부터 바닥에 떨어진다.

마침내 두 손을 든 젠더는 아내에게 도와 달라고 부탁한다. 아내는 젠더가 버터 바르기를 기다렸다가 식빵을 뒤집어 준다. 젠더는 얼마 뒤 여전히 식빵을 바닥에 떨어뜨리지만, 이번에는 버터 바른 쪽이 위로 떨어진다.

"식빵의 버터 바른 쪽이 아래로 떨어질 확률은
정확히 카펫의 가격에 비례한다."

아서 블록, 머피의 법칙(1977)

버터를 살리려면

수천 번 실험해 본 결과, 식빵은 실제로 버터 바른 쪽이 아래로 향한 채 떨어지는 경향이 있다. 좀 더 정확히 말하면, 처음에 위를 향하고 있던 면이 떨어질 때에는 아래를 향하는 것이다. 이것은 버터의 무게나 식빵의 공기 역학적 성질과는 무관하고, 식빵이 떨어지는 높이와 관련이 있다. 식빵은 떨어질 때 빙글빙글 돈다. 적당히 높은 곳에서 떨어지면 식빵은 360°를 돌아서 버터 바른 쪽이 위를 향하도록 떨어질 것이다. 시간이 부족하면 식빵은 반 바퀴밖에 돌지 못한다. 즉 버터 바른 쪽이 아래로 떨어지는 것이다. 실험에 따르면, 떨어지는 식빵이 보통 속도로 회전할 때 안전하게 떨어지는 데 필요한 최소 높이는 2.4m이다. 그 정도 높이에서 버터를 바르거나 먹는 사람은 거의 없으므로 식빵을 떨어뜨리면 지저분해질 확률이 훨씬 더 높다. 이 확률을 낮추기 위한 한 가지 방법이 있는데, 바로 버터를 바를 때 힘을 세게 줘서 식빵의 가장자리가 위쪽으로 휘어지도록 만드는 것이다.

왜 식빵은 항상 버터 바른 쪽부터 바닥으로 떨어질까?

064 부메랑이 되돌아 오는 원리

　블레싱은 생일 선물로 부메랑을 받았다. 부메랑이 무엇인지, 호주 원주민이 부메랑을 어떻게 사냥에 사용하는지에 관해서는 열심히 찾아 읽은 상태였다. 어렴풋이 기억하는 부메랑은 원주민 사냥꾼에게 캥거루를 몰아오는 역할을 하는 도구였다. 블레싱은 공원에 나가 부메랑을 시험해 본다. 생각보다 훨씬 어려움을 느낀다. 처음에는 부메랑을 수평으로 잡고 백핸드로 던진다. 부메랑은 땅에 떨어진다. 이번에는 비슷하게 잡고 포핸드로 던진다. 부메랑은 또 땅에 떨어진다. 생각했던 것과는 전혀 다르다. 지나가던 여성이 올바르게 던지는 방법을 알려 준다. 한쪽 끝을 잡고 부메랑이 거의 수직이 될 때까지 기울인 뒤 빙글빙글 돌아가게 던지라는 것이다. 블레싱이 배운 대로 던지자 부메랑이 크게 한 바퀴 원을 그리더니 서 있는 곳에서 멀지 않은 곳에 떨어진다.

　블레싱은 기뻤지만, 아직 해결되지 않은 의문이 두 개 있다. 부메랑은 어떻게 원을 그리며 날아가는 걸까? 그리고 어떻게 캥거루를 몰아올 수 있는 걸까?

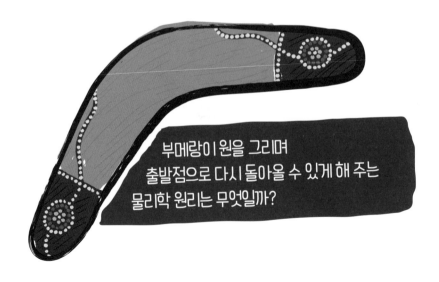

부메랑이 원을 그리며
출발점으로 다시 돌아올 수 있게 해 주는
물리학 원리는 무엇일까?

부메랑은 사냥용 무기일까, 장난감일까?

부메랑으로 사냥을 한다는 것에 대해 블레싱이 느끼는 혼란은 흔한 오해이다. 부메랑에는 두 가지가 있다. 하나는 무게가 좀 나가는 막대기로, 호주 원주민은 사냥감을 향해 힘껏 던져서 맞춘다. 원래 직선으로 날아가게 되어 있다. 날아갔다가 다시 돌아오는 부메랑은 호주 원주민이 장난감으로 쓰는 것이다.

자이로스코프의 세차 운동

회전하는 부메랑은 자이로스코프와 같다. 회전하는 바퀴나 자이로스코프의 한쪽을 누르면 누르는 방향에 수직으로 작용하는 힘이 생긴다. 이를 자이로스코프 세차 운동이라고 한다. 회전하는 바퀴의 윗부분을 밀면 쓰러지는 대신 멀어지는 쪽으로 회전한다. 두 손을 놓고 자전거를 탈 수 있는 비결이 바로 이러한 원리이다. 그저 몸을 기울이기만 하면 된다. 따라서 옆 방향의 힘을 가하거나 부메랑의 위나 아래를 밀면 직선 경로에서 벗어나게 할 수 있다. 이 힘이 계속된다면 원을 그리며 한 바퀴 도는 것이다.

날개의 회전

되돌아오는 부메랑의 두 팔은 비행기 날개 두 개가 붙어 있는 것과 같다. 이 두 날개가 공기를 가르며 회전할 때 위쪽의 날개는 아래쪽 날개보다 더 많은 양력을 만들어 낸다. 위쪽 날개가 공기를 가르는 속도가 회전 속도에 부메랑이 움직이는 속도를 더한 것이기 때문이다. 반면, 아래쪽 날개의 속도는 움직이는 속도에서 회전 속도를 뺀 것과 같다. 날개가 공기를 더 빨리 가를수록 양력이 더 발생한다. 따라서 위쪽 날개의 양력이 아래쪽 날개의 양력보다 크고, 이 차이가 옆 방향의 힘을 만든다. 회전하는 부메랑은 자이로스코프와 같으므로 이 옆 방향의 힘은 회전에 수직인 힘이라 할 수 있고, 부메랑이 빙글 돌도록, 혹은 세차 운동을 하도록 만든다.

065 지구의 자전 속도

　루카는 지구 중심론자이다. 지구가 우주의 중심이며, 태양이 지구 주위를 하루에 한 바퀴 돈다고 믿는다. 그러나 사람들은 실제로는 지구가 회전하기 때문에 태양이 매일 하늘을 가로질러 움직이는 것처럼 보인다고 설득하려 한다.

　루카는 말도 안 되는 소리라며 이유를 설명한다. 만약 여러분의 주장이 옳다면, 지구는 엄청난 속도로 회전하고 있는 게 분명하다는 것이다. 좀 더 구체적으로 말하면, 극점에 있는 사람은 하루에 한 바퀴 도는 반면 적도에 있는 사람은 빠른 속도로 우주로 날아가 버리지 않겠냐는 것이 루카의 생각이다.

　루카는 옛날 레코드판을 떠올려 보라고 한다. 안쪽의 원은 지름이 3cm 정도에 불과하다. 분당 33회 돌아간다면, 안쪽 가장자리에 선 작은 사람은 분당 99cm로 움직인다. 시속 0.06km다. 레코드판의 지름은 30cm이므로, 둘레는 약 94cm다. 그래도 바깥쪽 원 역시 분당 33회 돌아간다. 즉 바깥쪽 원 위에 서 있는 작은 사람은 분당 3,102cm, 시속 1.9km로 움직인다.

　만약 지구가 정말 하루에 한 번 자전한다면, 적도에 있는 사람은 레코드판의 가장자리에 있는 작은 인간과 같다고 루카는 주장한다.

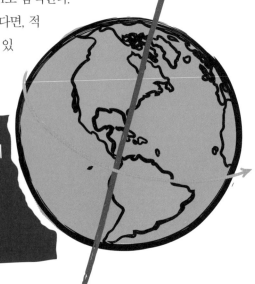

지구는 상당히 크다. 만약 24시간에 한 바퀴 회전한다면 아주 빠른 속도로 돌아야 한다. 도대체 지구는 얼마나 빨리 돌고 있는 걸까?

지구의 지름은 1만 2,756km이다. $2\pi r$에 넣어 계산하면, 적도 지역의 둘레는 약 4만 km이다. 즉 적도와 적도 위에 있는 모든 물체와 사람은 시속 1,670km로 움직이고 있다는 뜻이다.

루카는 이것이 명백하게 말이 안 되는 소리라고 지적한다. 만약 지구가 정말 그렇게 빠른 속도로 움직이고 있다면 항상 강력한 바람이 휘몰아치고 있을 것이기 때문이다. 그리고 누구라도 공중으로 뛰어오른다면 땅이 몇 미터나 움직여 버린 뒤에 착지할 수 있을 것이다.

코리올리 효과

루카의 주장이 틀렸음을 밝히려면 운동량이라는 개념, 그리고 지구와 닿아 있는 모든 것이 - 사람, 공기를 포함한 - 운동량을 공유하고 있다는 사실을 설명해야 한다. 혹은 지구의 빠른 자전이 일으키는 측정할 수 있는 여러 가지 효과를 언급할 수도 있다. 예를 들어, 지구의 자전은 바다가 서쪽으로 몰리게 만든다. 태평양 서쪽 해안의 해수면 높이는 동쪽 해수면보다 45cm 높다. 또 지구의 자전은 코리올리 효과를 일으킨다. 고위도에서 저위도로 움직이는 물체가 동쪽이나 서쪽으로 치우치는 듯이 보이는 것이다. 원래 있던 곳과 움직여 가는 곳의 운동량이 다르기 때문이다. 기상 현상이 극지에서 적도로 오면서 서쪽으로 치우치는 이유이다. 북쪽에서 남쪽을 향해 24km 떨어진 곳에 대포를 쏘면 원래 '직선으로 날아가 맞았을' 목표에서 90m 정도 옆으로 빗나간다.

"지구는 엄청난 속도로 우주에서 움직인다지만
지상에 살았던 그 누구도 느끼거나 본 적은 없다."

토머스 윈십(1899)

우주에서

"천문학은 영혼에게
위를 바라보게 하며,
우리를 이 세상에서
다른 세상으로 이끌어준다."

플라톤, 『공화국』(기원전 342) 중에서

066 죽어 가는 태양

천문학 수업 시간에 아난더, 조, 마라는 태양의 미래에 관해 배우고 있다. 선생님은 태양이 상대적으로 안정하지만, 수소를 태워 헬륨으로 만들고 있기 때문에 핵에 수소보다 무거운 헬륨이 쌓이고 있다고 말한다. 그러면 핵의 밀도가 높아지고, 중력에 의해 더 압축되며, 압력이 높아져 핵융합 반응이 격렬하게 일어난다. 태양은 서서히 더 뜨겁고 밝게 변한다. 태양의 광도(방출하는 에너지의 측정치)는 45억 년 전 태어났을 때에서 30% 증가한 상태이다. 앞으로 10억 년 동안 광도는 10% 늘어나 지구의 온실 효과를 통제 불가능하게 만들어 지구를 또 다른 금성으로 만들 것이다. 그러나 이건 시작일 뿐 이다.

54억 년 뒤면 태양은 적색 거성이 되어 금성 궤도 너머까

태양의 수명이 끝에 다다르면 점점 더 뜨겁게 불타오른다. 그리고 금성 궤도보다 큰 적색 거성으로 변모한다. 그때가 오면 지구가 살아날 방법이 있을까?

지 부풀어 오를 것이다. 지구는 태양의 빈약한 대기권 최외곽 층에 붙잡혀 서서히 불타는 거인의 입속으로 끌려들어 갈 것이다. 마침내(약 80억 년 뒤) 태양의 바깥층이 날아가면서 하얗고 뜨겁고, 믿을 수 없을 정도로 밀도가 높은 탄소 덩어리만 남아 성간 공간에서 서서히 식어 간다.

지구의 미래에 암울한 그림자를 드리우며 선생님은 학생들에게 지구를 구할 수 있는 방법을 생각해 보라고 한다. 아난더는 하늘을 향하도록 지구에 거대한 이온 추진기를 설치한 뒤 태양이 정확히 그 방향에 있을 때에만 추진하자고 한다. 이온이 뿜어 나오면서 힘은 똑같고 방향이 반대인 반작용이 땅을 향해 생길 것이고, 나아가 지구가 태양에서 멀어지게 밀어 준다는 것이다.

조의 계획은 작은 로봇을 우주로 보내 소행성을 붙잡아 지구 근처로 가져오자는 것이다. 각 소행성의 작은 중력이 그보다 더 작은 지구 궤도의 요동에 영향을 끼쳐 태양으로부터 멀어지게 잡아당긴다는 원리이다. 마라는 아주 넓은 태양 돛을 만들어 달 궤도 바로 안쪽에 띄우자는 아이디어를 낸다. 지구 적도에 거대한 닻을 설치하고 아주 튼튼한 나노 섬유로 연결하면, 태양빛의 압력을 이용해 지구를 더 먼 궤도로 옮길 수 있다는 계획이다. 마치 우주에서 연으로 파도 타는 사람처럼 말이다.

지구는 움직일까?

이온의 움직임을 방해하고 운동량을 흡수해 버릴 대기가 없다고 해도 아난더의 계획이 효과를 거두려면 너무 오랜 시간이 걸린다. 조의 아이디어는 기술적으로 가능하고 (적어도 미래에는) 이론적으로도 옳지만, 자칫하면 소행성이 지구와 충돌하게 될 수 있다. 마가의 아이디어는 현재 기술로는 불가능하며, 새로운 소재를 개발해야 할 필요가 있다. 이론적으로는, 지구의 궤도가 태양으로부터 멀어지는 속도는 태양의 광도가 증가하는 속도와 균형을 이루면서 지구에 닿는 태양 에너지의 강도를 비교적 일정하게 만들어 줄 것이다.

067 화성에 생명체가 있을까?

우주 생물 학회에서 과학자 세 명이 화성에서 발견한 사실을 발표한다. 모두 생명체를 발견했다는 주장이다. A 교수는 박쥐 같은 날개가 있고 다리가 여섯 개 달린 커다란 동물의 사체를 보여 준다. B 교수는 선인장과 비슷한 다육 식물을 보여 주면서 화성의 화산인 올림푸스 몬즈 정상에서 찾았다고 주장한다. C 교수는 현미경을 이용해 볼 수 있는 지구의 세균과 비슷하게 생긴 작은 단세포 생물 슬라이드를 보여 준다. 화성의 지각을 깊숙이 드릴로 파내서 찾아냈다고 설명한다. 학식 있는 회원들은 생명체로 추정되는 이 표본을 만질 수도, 조사해 볼 수도, 잘라 볼 수도, 실험해 볼 수도, 심지어는 가까이 들여다볼 수도 없지만 어떤 것이 진짜이고 가짜인지 판단해야 한다.

철학자와 과학자들은 20세기까지도 화성에 생명체가 있을지 궁금해했다. 화성인이 운하를 건설했다고 믿기도 했다. 최근의 연구 성과는 이런 기대를 어떻게 바꾸어 놓았을까?

달갑지 않은 소리

지질 활동과 풍화 덕분에 지구는 대기 중의 이산화탄소 농도를 비교적 일정하게 유지한다. 이산화탄소가 일으키는 온실 효과가 없었다면 지구의 표면 온도는 15℃가 아니라 영하 18℃였을 것이다. 화성은 중력이 작아 대기가 대부분 밖으로 날아가 버렸다. 지질 활동의 부재는 대기 중의 이산화탄소가 풍화 작용으로 탄산염에 갇혀 버리거나 얼어서 눈으로 내리고 나면 다시는 대기로 나오지 않는다는 것을 뜻한다. 그 결과 화성의 대기는 지구의 100분의 1배 수준에 불과하고, 온실 효과가 없어 표면 온도가 평균적으로 영하 67℃밖에 되지 않는다. 표면에 물이 있다면 모두 얼어붙을 것이고, 얼지 않는다고 해도 대기압이 낮아서 증발해 버릴 것이다. 또 대기가 없어서 강력한 방사선이 표면까지 그대로 들어온다. 표면에 생명체가 있다면 분자를 휘저어 버릴 자외선과 맞닥뜨리게 된다. 화성 유인 탐사가 직면하게 될 가장 큰 문제이다.

과연 승자는?

화성의 생명체가 마주하게 될 커다란 도전을 염두에 둔 채 우주 생물 학회에서는 셋 중 두 발견이 가짜라는 결론을 내린다. A 교수가 발견한 육상 동물은 화성 표면으로 날아오는 이온화 방사선을 단 5분도 버틸 수 없을 것이다. B 교수의 식물도 방사선과 극심한 추위, 기압이 화성 표면의 8%에 불과해 진공에 가까운 올림푸스 몬즈 정상의 환경을 견딜 수 없다. 그러나 C 교수의 미생물은 가능성이 크다. 만약 화성에 생명체가 있다면, 방사선과 추위와 건조함을 피할 수 있는 지하에 있을 가능성이 크다. 지구에도 땅속 깊은 곳과 같은 극한 환경에서 사는 미생물이 있다. 화성의 생명체는 아마도 이런 '극한 미생물'과 비슷할 것이다.

068 달아 달아 네가 필요해

알은 해변을 거닐다가, 소원을 들어준다는 마법의 반지를 줍는다. 하룻밤 푹 자면서 무슨 소원을 빌지 결정하기로 하는데, 하필이면 그날따라 보름달이 너무 밝아서 잠을 잘 수가 없다. "저 망할 놈의 달이 없으면 좋겠다." 알은 별생각 없이 큰 소리로 외친다.

40억 년 전, 화성 크기의 작은 행성 하나가 갓 태어난 지구를 향해 날아오고 있다. 곧 지구와 충돌해 파편 구름을 만들고, 이 구름이 모여 방금 얻어맞은 지구의 위성이 될 예정이다. 그런데 마지막 순간 작은 행성이 방향을 바꿔 지구를 지나치더니 태양으로 돌진한다. 젊은 지구는 전과 같이 매우 빠른 속도로 계속 자전한다. 하루는 다섯 시간에 불과하다. 40억 년이 지나도 그 속도는 줄어들지 않는다.

달이 우리에게 해 준 게 도대체 뭘까? 달이 없어진다면 아쉬울까?
만약 달이 처음부터 없었다면 지구의 생명체는 어떻게 달라졌을까?

잠에서 깨어난 알은 갖가지 기묘한 현상을 목격한다. 하늘에서 해가 너무 빨리 움직인다. 알이 사는 고위도에서는 대기가 평소보다 아주 옅어졌고, 태양빛은 더욱 강렬하고 위험하다. 여기까지는 별것 아니었다. 알은 바다가 해안선에서 몇 킬로미터 밖으로 후퇴했다는 사실을 깨닫는다. 지구의 바다가 적도로 좀 더 몰렸기 때문이다. 육지에 날카로운 바람이 휘몰아치고 있다. 강력한 폭풍이 몰아쳐 폭우와 번개가 끊이지 않는다. 우뚝 솟은 산맥과 깊이를 알 수 없는 계곡이 가득한 땅 위로 거대한 화산도 폭발한다. 수많은 지진 때문에 온전한 곳이 없다. 인간 문명은 고사하고 생명의 흔적도 보이지 않는다. 동식물도 없다. 녹색이라고는 찾을 수도 없다. 게다가 산소도 거의 없어서 알은 곧 숨이 막히기 시작한다. 달은 그대로 있는 게 좋을 것 같다는 생각이 든다.

달이 우리에게 해 준 게 뭐지?

지구의 기울기가 목성 중력의 영향을 받아 수시로 변하지 않고 일정하게 유지될 수 있도록 ─ 계절이 뒤죽박죽되지 않도록 ─ 돕는 것 외에 지구 역사에서 달의 가장 중요한 역할은 지구의 궤도를 느리게 만든 일이다. 지난 40억 년 동안 작용한 태양의 조석력만으로는 지구의 자전 속도가 하루에 7~12시간일 것이다. 원심력 때문에 지구는 지금보다 적도가 불룩한 모양일 테고, 지질 활동도 더욱 활발할 것이다. 극심한 코리올리 효과로 대기의 에너지가 많아져 강한 바람과 폭풍이 분다. 생명체는 진화하지 못했을 것이며, 광합성을 하는 세균과 식물이 없어 대기에는 산소가 거의 없을 것이다.

지구의 회전을 느리게

달의 조석력은 마찰을 통해 지구의 공전 속도를 느리게 만들었다. 회전의자에 앉아 빙글빙글 도는 사람의 허리띠에 끈으로 풍선 한 개를 묶었다고 상상해 보자. 풍선은 허리띠를 잡아당기고, 허리띠는 사람과 마찰을 일으켜 회전 에너지 일부를 흡수해 속도를 늦춘다.

069 달의 뒷면은 어둡다?

이 잘생긴 젊은 남자에게는 어딘가 이상한 면이 있었다. 그러나 토르힐드는 정확히 집어낼 수가 없었다. 소젖을 짜고 있는데, 문득 누군가 자기를 바라보고 있다는 느낌이 들었다. 고개를 들자 녹색과 갈색 옷을 멋지게 차려입은 남자가 헛간 문에 편안하게 기대 있었다. 남자가 뻔뻔스러운 질문을 던졌지만, 토르힐드는 얼굴을 붉히며 시선을 내렸다.

토르힐드는 우유가 담긴 통을 들고 일어나 문으로 향했다. 젊은 남자는 그 모습을 계속 지켜보다가 토르힐드가 자기 옆을 지나갈 때 고개를 돌려 얼굴을 마주 보았다. 가까이에서 보니 남자의 창백한 피부와 주근깨가 보였다. 녹색 모자를 귀까지 눌러쓴 모습도 인상적이었다. 행동거지는 친근했지만, 그 웃음 속에는 뭔가 불길한 게 있었다.

마당에서 토르힐드는 고개를 돌려 남자를 바라보았다. 남자는 뒤쪽에 남아 있었다. 태양빛 밖에서, 토르힐드를 똑바로 마주 보면서. 마음속에서 의심이 점점 커졌다. 토르힐드는 천천히 뒷걸음질을 쳤다. 그러자 남자가 앞으로 움직였다. 토르힐드가 멈추자 남자는 천천히 주위를 돌았다. 얼굴은 계속 마주 보고 있었다. "등 뒤에 뭐가 있지요?" 토르힐드가 물었다. 남자는 웃었다. "왜 그러나요, 예쁜이. 내 등 뒤에는 아무것도 없어요." 토르힐드는 고개를 끄덕였다. "알아요. 당신이 누군지도 잘 알죠. 당신 같은 훌드라 요정은 속이 텅 비었어요. 영혼이 있어야 할 곳에 아무것도 없지요." 토르힐드가 십자가를 긋자 젊은 남자는 으르렁거리더니 순식간에 사라졌다.

"모든 사람은 달이다. 누구에게도
보여 주지 않는 어두운 면이 있다."

마크 트웨인(1835~1910)

동기 궤도

오크니 제도, 페로스 제도와 다른 스칸디나비아 지방의 전설 속에 등장하는 요정 훌드라 중 일부는 속이 텅 비었다는 이야기가 있다. 마스크 같은 앞쪽만 있고, 뒤쪽과 안쪽이 없는 것이다. 인간이 이를 알아차리지 못하게 하려고 이들은 항상 얼굴을 마주 보며 텅 빈 뒤쪽을 감춘다. 지구 주위를 자전하고 있는 달도 비슷하다. 달의 자전 주기는 공전 주기와 똑같다. 그래서 지구를 도는 동안 항상 똑같은 면만 지구를 향하며, 반대쪽은 보여 주지 않는다. 우리가 그믐달을 볼 때 달의 뒷면은 태양빛을 받고 있다는 뜻이다. 따라서 달의 뒷면을 어두운 면이라고 부르는 것은 잘못된 표현이다. 숨겨진 면인 것은 맞지만, 달의 다른 부분보다 특별히 더 어둡지는 않다.

달의 뒷면을 흔히 어두운 면(Dark Side)이라고 부르지만, 실제로 어두운 건 아니다. 그런데 우리는 왜 달의 뒷면을 보지 못할까?

070 밤은 지구의 그림자

마르친은 그림자를 두려워하는 병리학적 현상인 스키아포비아로 고통받고 있다. 마르친은 평생 어두운 장소, 어두침침한 골목, 그늘진 구석을 피해 다녔다. 집안에서도 방마다 전등을 환하게 밝혀 둔다. 마르친은 보름달을 싫어한다. 하지만 희한하게도 그믐달이 뜰 때에는 밖에 돌아다니는 걸 무서워하지 않는다. 바깥이 완전히 어두우면 그림자도 없다는 것이다.

어느 날 저녁, 마르친은 해가 지기 전에 집으로 가려고 서두르고 있다. 그때 동쪽 지평선에서 뭔가 불길한 느낌을 받는다. 머리 위의 하늘은 짙푸른 색이고, 동쪽 지평선 위는 흐릿한 분홍색이었다. 그런데 지평선 바로 위쪽에 가느다란 어둠의 띠가 있는 게 아닌가. 그 띠는 점점 커지는 것 같았다. 등골이 서늘해진 마르틴은 집으로 달려가 불을 모두 켠다.

시간이 좀 흐른 뒤 마르친은 아까 그 기묘한 현상에 관해 생각했다. 폭풍이 다가오는 것이었을까? 멀리 있는 구름의 띠? 뉴스를 틀자 곧 있을 월식 소식이 흘러나온다. 그래픽 영상을 보니 피가 차갑게 식는다. 원뿔 모양의 그림자가 지구에서 달을 향

지구도 그림자를
드리울까?

해 움직이는 모습이다. 바로 그날 밤 달은 그 그림자를 통과할 예정이다. 지구와 지구의 그림자에 관해 생각할수록 마르친은 더 두려워진다. 그제야 아까 봤던 어두운 띠의 정체가 무엇인지 알 것 같다. 그리고 두 번 다시 밤에는 밖에 나가지 않겠다고 결심한다.

그림자에 덮인 달

마르친은 지구에 드리워지는 그림자 중 가장 큰 것이 바로 지구의 그림자라는 사실을 깨닫고 당황한다. 밤이란 곧 태양과 반대편에 있는 면에 드리워진 지구의 그림자 속이다. 지구는 태양빛을 가로막아 우주로 뻗어 나가는 원뿔 모양의 그림자를 만든다. 이 그림자의 길이는 140만km에 달한다. 달이 이 그림자 속을 지나갈(보름달일 때에만 가능하다.) 때를 월식이라고 부른다.

비너스의 띠

지구의 그림자를 좀 더 직접 느끼고 싶다면 흔하지만 거의 눈치채기 힘든 이 현상을 보자. 태양이 지거나 뜰 때, 지평선 아래로 내려가거나 위로 올라올 때, 지구는 반대쪽 지평선 위의 대기에 곡선 그림자를 드리운다. 높은 곳에서 보면(비행기가 최고다.) 지구의 그림자가 지평선 바로 위에 아주 어두운 청색 띠 모양으로 길게 뻗어 있는 게 보인다. 그 위로는 분홍색 띠가 있을 때도 있는데, 이것은 반-황혼 아치 또는 비너스의 띠라고 부른다. 해가 뜨거나 질 때 붉은 태양 빛이 먼지 입자에 산란하면서 생기는 현상이다.

"요즘 있었던 일식과 월식은 우리에게 좋은 징조가 아니다."

셰익스피어, 『리어 왕』(1605년경)

071 블랙홀에 빠져들어 가면?

　우주 비행사인 우, 유세프, 줄라카는 심우주에 있는 우주 정거장에서 살고 있다. 불행한 사건이 연이어 일어난 탓에 우주 정거장은 블랙홀 두 개 사이에 떠 있는 상태이다. 하나는 작은 블랙홀이고, 다른 하나는 초거대 블랙홀이다. 우와 유세프는 당황하기 시작한다. 물론 블랙홀을 눈으로 볼 수는 없다. 블랙홀의 중력이 시공간을 휘어 만든 일종의 구멍에서 빛이 빠져나올 수 없기 때문이다. 그러나 그들은 별빛을 가로막는 검은 그림자뿐만 아니라 블랙홀의 존재로 생기는 왜곡 효과도 볼 수 있다. 뒤쪽에서 날아오는 별과 은하의 빛이 마치 거대한 렌즈를 통과하듯 휘어 보이는 것이다. 더욱 당황스럽게도, 그들은 블랙홀의 바깥 경계도 볼 수 있다. 이는 중력이 너무 강해져 빛이 탈출하지 못하는 한계를 말한다. 양자 효과에 따르면 블랙홀로 물질이 끌려들어갈 때 블랙홀의 바깥 경계에서 입자가 다시 방출된다. 이것을 호킹 복사라고 하며, 그래서 블랙홀의 바깥 경계는 빛나 보인다.

　당황한 우와 유세프는 우주 정거장에 가망이 없다고 생각하고, 가능한 한 이곳에서 빨리 벗어나기로 한다. 우주복을 입고 에어로크 밖으로 나가려는 순간, 우가 유세

블랙홀로 끌려들어 가면
어떻게 될까?

프에게 외친다. "잠깐! 그러면 초거대 블랙홀 쪽으로 뛰는 거잖아." 유세프가 대꾸한다. "작은 블랙홀로 가는 것보다 낫다고." 두 사람은 서로 반대쪽 에어록에서 뛰어내려 각자 다른 블랙홀의 중력에 붙잡힌다. 줄라카는 두 사람이 나선을 그리며 각자의 운명을 향해 다가가는 모습을 지켜본다. 두 사람은 어떻게 될까?

스파게티 타임

작은 블랙홀로 떨어지는 우는 오래 살지 못한다. 작은 블랙홀의 경우 우의 머리와 발이 받는 중력의 차이가 대단히 크다. 그 결과 잡아 늘인 스파게티 면처럼 늘어나다가 블랙홀의 바깥 경계에 도달하기도 전에 찢어져 버릴 것이다.

사건의 지평선에서 죽다

우주 정거장에 있는 줄라카는 유세프가 블랙홀에 가까이 다가가면서 구부러지고 늘어나는 모습을 볼 수 있다. 하지만 블랙홀의 바깥 경계에 가까워질수록 느려지는 현상도 보인다. 가까워짐에 따라 얇게 펴지면서 시간이 정지한다. 줄라카에게 호킹 복사의 열은 시간이 흐르면 유세프가 증발해 사라지는 것처럼 보인다는 사실을 뜻한다.

블랙홀의 바깥 경계 저편에는

기이한 일이지만, 유세프는 아주 다른 현상을 겪는다. 블랙홀의 바깥 경계는 물리적인 경계가 아니라 외부의 관찰자만이 볼 수 있는 무엇이다. 유세프 자신은 알아차리지 못한 채 블랙홀 중심의 특이점에 도착할 때까지 자유 낙하를 계속할 뿐이다. 만약 블랙홀이 충분히 크다면, 평생 도달하지 못할 수도 있다. 유세프에게 시간과 공간은 평소와 같으며, 자유 낙하를 하면서 계속 생존할 수 있다. 공기가 다 떨어질 때까지.

072 달에서 총 쏘기

"쏘지 않을 거라면 뭐하러 가지고 있는 거지?" 케레첸코가 엥겔가르트 운석공의 동쪽 자장자리에 서서 묻는다. "여기가 가장 좋은 장소라고. 달의 정상이라고 부르는 곳이야. 달 표면에서 가장 높은 곳이니까 시야를 가리는 것 하나 없이 조준할 수 있어!" 케레첸코는 총구가 세 개인 접이식 권총을 휘두른다. 러시아 우주 비행사에게 지급하는 표준 무기이다.

"난 그게 별로 좋은 생각이 아닌 것 같아." 야르무코프가 반박한다. "무슨 일이 벌어질지 모르잖아. 총이 발사될지 안 될지 모른다고." 케레첸코는 걱정하지 말라고 한다. "멀쩡히 쏴질 거야. 화약에는 산화제가 들어 있어서 공기가 없어도 돼. 게다가 물리학적으로 내가 계산해 봤어. 꽤 괜찮다고." 케레첸코가 설명한다. "공기 저항이 없어서 총알은 느려지는 일이 없이 영원히 움직일 수 있다고."

러시아 우주 비행사의 지급품에는
권총이 포함되어 있었다.
만약 진공 속에서, 그리고 중력이 낮은
달 표면에서 총을 쏘았다면
무슨 일이 벌어졌을까?

"하지만 뉴턴의 제3법칙을 생각해 봐." 야르무코프가 반론을 제기한다. "총알이 나갈 때 넌 반대 방향으로 튕겨져 나간다고." 케레첸코는 자신이 낮은 바위에 단단히 몸을 고정하고 있음을 보여 준다. "총알의 속도는 초속 1,200m가 될지 몰라도 질량은 작아. 똑같은 힘이 작용하겠지만, 감당할 수 있어."

야르무코프는 납득할 수 없다는 표정이다. 하지만 케레첸코는 모든 것을 무시한 채 멀리 떨어진 지평선을 향해 총을 겨누고 방아쇠를 당긴다. 총구에서 둥근 연기가 흘러나오며 케레첸코가 뒤로 흔들린다. 총알은 지평선 너머로 날아간다. "하하!" 케레첸코가 의기양양하게 웃는다. "멋지지? 아마 화성까지 날아갈걸!"

그러나 야르무코프는 머릿속으로 계산을 하고 있다. "넌 달의 중력을 빠뜨렸어. 아무리 약하다고 해도 내 계산에 따르면 달 중력에서 벗어나기 위한 물체의 탈출 속도는 초속 1,200m가 넘어. 그리고 만약 속도가 충분하지 않으면 달을 한 바퀴 돌아서 다시……." 라고 말하는 동시에 케레첸코의 헬멧에 구멍 두 개가 나타난다. 하나는 뒤에, 하나는 앞에. 우주복의 압력이 줄어들면서 구멍을 통해 피와 회색 물질이 흘러나오며 곧바로 동그란 얼음 조각으로 변한다.

야르무코프는 무전기를 켜고 말한다. "통제실, 문제가 발생했다……."

뉴턴의 대포

아이작 뉴턴은 1687년에 낸 책 〈프린키피아〉에서 산꼭대기에서 수평으로 발사한 대포알에 관해 묘사했다. 지구의 중력은 대포알이 포물선 경로를 그리며 지상을 향해 움직이게 만들지만, 초기 속도가 충분히 크다면 대포알이 지구 궤도를 벗어날 수 있다고 설명했다. 공기 저항이 없을 때 대포알이 특정 속도로 ─ 약 시속 2만 6,000km ─ 발사된다면, 대포알은 지구 표면이 구부러지는 정도와 똑같이 지상을 향해 떨어지며 끝내 땅에 닿지 않는다. 달의 중력은 더 약해서 초속 1,200m만 되면 달을 한 바퀴 돌 수 있다. 케레첸코는 아주 비싼 대가를 치르고 이 사실을 알아낸 셈이다.

073　맨몸으로 도전하는 진공 치킨 게임

2162년, 인류는 고도의 기술로 태양계를 탐사했다. 그러나 십대 청소년들은 여전히 멍청하고 무모한 짓을 재미 삼아 하고 다닌다. 보존과 친구들은 순간 이동 장치를 가지고 '진공 치킨'이라는 게임을 하며 놀고 있다. 이 게임의 목적은 태양계에서 가장 특이한 곳을 골라서 순간 이동을 하는 것이다. 그런데 우주복을 입지 않은 채로 해야 한다. 순간 이동하는 사람은 가능한 한 의식을 잃지 않고 오래 버텨야 한다. 의식을 잃으면 자동으로 원래 장소로 돌아온다.

첫 번째로 트리진이 시도를 해 본다. 트리진은 순간 이동 장치의 유효 거리를 믿지 않아서 소심하게 지구 저궤도를 고른다. 10초 뒤, 트리진이 의식이 없는 상태로 돌아온다. 입과 코에서 피가 흐르고 있고 얼굴과 손은 부었으며 가장자리에 서리가 맺혀 있다. "오! 멋진 실패로 군." 친구들이 신음하며 트리진을 유기체 재생기에 넣는다. "숨을 참으려고 한 모양이야." 비시우가 말한다. "범생이의 실수지." 비시우가 순간 이동 장치에 들어가 금성의 대류권 높은 곳을 지정한 뒤 사라진다. 그리고 30초 뒤 다시 나타났다. 피부

우주에서 우주 비행사가
헬멧을 벗으면 어떻게 될까?
토탈 리콜 마지막 장면의
아놀드 슈워츠네거처럼 질식할까?

에 물집이 잡히고 벗겨지는 등 끔찍한 모습이다. 친구들이 재생기에 넣을 때 비시우가 의식을 찾더니 말한다. "황산 구름으로 떨어지기 전까지는 잘 되고 있었어."

그다음으로 팔워는 토성의 위성인 타이탄을 고른다. 1분 뒤 팔워가 다시 나타난다. 피부는 파랗고 단단하다. 날숨이 그대로 얼어서 입술에 달라붙어 있다. 마지막으로 보존이 순간 이동 장치로 들어선다. "나는 제대로 하겠어." 보존이 중얼거리며 목성의 위성 가니메데의 내부 좌표를 정확히 입력한다. 사라졌던 보존은 3분이나 지난 뒤 다시 나타난다. 온몸이 젖어서 덜덜 떨고 있다. "더 이상은 못 참겠어." 보존은 이를 딱딱 부딪치며 말한다. "하지만 신기록인 것 같군."

우주복을 벗으면?

할리우드의 뻔한 묘사와 달리 우주에서 헬멧을 벗는다고 해도 머리가 폭발하지는 않는다. 진공에서 폐 안에 담긴 공기는 밖으로 빠져나오려 한다. 숨을 참다가는 폐가 크게 손상될 수 있다. 일단 공기가 빠져나가면 15∼45초 뒤에 혈액에 저장된 산소가 다 떨어져 정신을 잃고, 몇 분 뒤에는 질식사한다. 피부의 보호 덕분에 다른 피해는 없지만, 노출된 부분은 얼어붙는다. 진공에서는 몸의 열이 빠져나가는 데 시간이 오래 걸린다. 몸이 부어오를 수는 있으며, 침이 끓어올라 증발한다. 그리고 체액 속에 기포가 생기면서 부글거리는 느낌을 받을 수도 있다. '잠수병'에 걸리는 것이다.

어느 태양계로 가는 것이 그나마 나을까?

태양계에는 숨을 들이마신 채로 오랫동안 참고 있을 수 있을 만큼 압력이 충분한 곳이 몇 군데 있다. 금성 상공 약 52km의 기압은 지구의 약 65%다. 물론 황산 구름 때문에 오래 있을 수는 없다. 타이탄 표면의 기압은 지구의 약 1.5배지만, 온도가 영하 179°C다. 가니메데의 얼음층 아래에는 바다가 있어 숨을 참는 것이 가능할 수도 있다.

074 축지법 우주 항해

아난더와 조, 마라는 천문학 수업을 듣는 학생이다. 그들은 새로운 숙제를 받았다. 도저히 건널 수 없을 것으로 보이는 별과 별 사이의 공간을 여행할 수 있는 기발한 아이디어를 내라는 것이다. 태양계에서 가장 가까운 별은 프록시마 센타우리로서, 지구에서 약 4.22광년 떨어져 있다. 인간이 만든 가장 빠른 우주선인 태양 탐사선 헬리오스2가 최고 속도로 날아가도 프록시마 센타우리까지는 1만 9000년이 걸린다. 학생들은 이 시간을 줄일 수 있는 항성 간 우주선에 관한 아이디어를 떠올려야 한다.

아난더는 버사드 램제트 엔진을 제안한다. 우주선 앞쪽에 거대한 자력 스쿠프를 설치한 뒤 우주 공간에서 수소를 모아 핵융합 엔진의 연료로 쓴다는 생각이다. 엔츠만 우주선이라는 아이디어도 고려 대상이다. 300만 톤짜리 수소 얼음 구체를 앞쪽에 달아 핵융합 연료로 쓰는 개념이다.

조는 핵 펄스 엔진을 제안한다. 쉽게 말하면, 우주선 뒤쪽에서 수소 폭탄을 연달아 터뜨려 앞으로 빠르게 가속하는 방식이다. 혹은 폭발력을 더 얻기 위해 물질과 반물질의 반응을 이용하는 우주선도 떠올린다. 물질과 반물질이 소멸하면서 나오는 가공할 에너지로 로켓을 움직이는 것이다.

마라는 통상적인 방법으로 움직여서는 답이 없다고 생각한다. 그래서 우주선이 앞과 뒤의 시공간을 구부릴 수 있다면 '도약 거품'을 이용해 여행할 수 있다고 제안한다. 우주선이 움직이는 대신 우주선은 가만히 있고 공간 자체가 움직이는 것이다.

별과 별 사이의 공간을 건널 수 있게 해 줄 기술이 있을까?

더 빠른 속도가 필요해

항성 간 여행이 가능한 속도를 내려면 우주선을 가속해야 한다. 여기에는 어떤 종류든 연료가 필요하고, 이는 우주선의 설계에 큰 영향을 끼친다. 아난더의 버사드 램제트 엔진은 원래 이 문제를 해결하기 위해 등장했다. 하지만 자력 스쿠프는 얻을 수 있는 힘보다 추진을 방해하는 힘이 더 클 가능성도 있다. 엔츠만 우주선은 관성이라는 문제에 직면한다. 엄청난 양의 수소를 가속하는 데에는 오랜 시간이 필요하다. 연료를 소모할수록 우주선이 가벼워져 나중에는 엄청난 속도로 움직일 수 있겠지만, 기나긴 여행이 될 것이다.

빈 채로 달려라

핵 펄스 엔진이나 반물질 엔진처럼 효율이 매우 높은 엔진이라고 해도 엄청난 양의 연료가 필요하다. 프록시마 센타우리까지 가는 데 900년이 걸리는 속도로 가속하기 위해서 핵 펄스 엔진은 유조선 1,000척 분량의 연료가 필요하고, 반물질 엔진은 열량짜리 기차를 채울 만큼의 연료가 있어야 한다. 현재 수준으로는 아주 작은 반물질 입자밖에 만들지 못한다. 그리고 반물질을 저장하는 일 또한 문제이다. 마라가 제안한 것과 같은 도약 추진(알큐비에르 도약 거품 추진)은 순수한 이론의 영역에 있으며, 아마도 천문학적인 양의 에너지가 필요할 것이다.

출발은 먼저 했지만, 도착은 늦게

아주 긴 여행을 떠난 우주선은 나중에 개발된 신형 우주선에 따라잡혀 역전당할 가능성도 있다.

자연의 세계

"나에게 자연은 가장 큰 흥분의 원천이며,
시각적 아름다움의 원천이며,
지적 흥미의 원천이다.
자연은 삶을 살아갈 가치가 있게 만드는
아주 많은 것의 가장 큰 원천이다."

데이비드 아턴보로 경(1926~)

075 거미줄에 걸린 여객기

2060년, 호주의 오지에서 집중적으로 실시한 핵 실험은 수많은 부작용을 남겼다. 그중에서 가장 눈에 띄는 것은 도시를 덮친 거대한 돌연변이 곤충이었다. 다행히 대부분은 처리할 수 있었지만, 일부는 도망쳤다. 그러나 초대형 여객기 기장인 셀리는 오염 지역 바로 바깥쪽의 울로물루 공항에 착륙하기 직전임에도 전혀 걱정하지 않는다.

"이 멋진 저녁은 커다란 벌레 한 마리 정도에 끄떡도 하지 않는다고." 셀리가 부기장에게 빼긴다. "이 여객기는 무게가 220톤에, 착륙하려고 줄인 속도가 시속 200km나 돼. 내가 아인슈타인은 아니지만 그 정도면 운동량이 1천 100만kg·m/s는 넘을 거야. 벌레 따위야 어디에 부딪혀도 산산조각 나 버리지 않겠어?"

바로 그 순간 부기장이 멀리서 이상한 물체를 발견한다. "기장님, 저거 마치……. 어, 설마 그럴 리는 없겠지만 거대한 거미줄처럼 보이지 않나요?" 셀리가 코웃음을 치는 순간 비행기는 거대한 거미줄로 돌진한다. "걱정 마!" 셀리가 말한다. "동물 엉덩이에서 나온 게 이 정도 힘을 버틸 리……."

그러나 셀리를 비롯한 비행기 안의 모든 물체가 격렬하게 앞으로 튕겨져 나가면서 말은 이어지지 못한다. 거미줄은 곧 끊어질 것 같으면서도 계속해서 버티며 몇 킬로미터나 늘어난다. 곧 비행기는 거대한 파리처럼 거미줄에 붙잡힌다. 셀리와 부기장은 도대체 무엇이 이렇게 거대한 거미줄을 쳐 놓았을지 걱정하기 시작한다.

거미줄의 힘

거미는 용도에 따라 각기 다른 거미줄을 만들며, 그 성질은 수분 함량과 종에 따라 다르다. 가장 튼튼한 '드래그 라인' 거미줄은 거미가 안전을 위해 만들며, 인장 강도 (끊어지지 않고 늘어나며 버틸 수 있는 정도)가 일반적인 강철보다 강하다. 거미 마니아인 에트 뉴베니의 계산에 따르면 길이가 30km인 드래그 라인은 굵기가 연필 정도임에도 초대형 여객기를 멈춰 세울 수 있을 정도로 강하다. 또 이 정도 크기의 거미줄을 만들려면 왕거미 1,020억 마리가 있어야 한다. 하지만 핵 실험으로 생긴 거대 돌연변이 거미라면 한 마리만으로도 만들 수 있지 않을까?

거미줄은 강철보다 강한 것으로 유명하다. 거미줄의 인장 강도는 방탄복을 만드는 파라아라미드 섬유에 맞먹는다. 도대체 얼마나 강한 걸까?

076 수많은 경우의 수

'완전 취업 보장국'으로부터 중앙 지구에 있는 중앙 도서관에서 근무하라는 명을 받은 옥사나는 단조롭고 지겨운 일을 하려고 와서 웅성대는 사람들이 서 있는 줄 맨 끝에 선다. 차례가 오자, 듀이 십진분류 113.84.456~113.84.457 구역 담당 보조 사서가 옥사나에게 책 한 무더기와 지시 사항이 적힌 종이를 건네고는 멀리 떨어져 있는 빈 선반을 가리킨다. 옥사나는 힘들게 걸어가 책을 내려놓고 종이에 적힌 글을 읽는다.

"새롭고 신나는 경력의 기회를 잡으신 것을 환영합니다. 여러분에게는 책이 열다섯 권 있습니다. 여러분의 일은 이 책을 선반에 한 줄로 진열하는 것입니다. 그리고 다른 순서로 다시 진열하는 것입니다. 이 일을 계속하십시오. 유일한 규칙은 똑같은 순서가 두 번 나와서는 안 된다는 것입니다. 이 새로운 일은 평생 만족스럽고 가치 있는 직장을 제공할 것임을 보장합니다."

옥사나는 어이없는 표정으로 책 열다섯 권을 바라보다가 옆 선반에서 참을성 있게 책 열다섯 권을 정리하고 있는 노인에게 속삭인다. "이거 말도 안 돼요. 똑같은 순서가 두 번 나와서는

똑같이 생긴 눈송이는 없다고들 한다. 정말일까? 그렇다면 왜일까?

안 된다면 어떻게 이걸 평생 하라는 거죠?" 노인은 정리를 마치더니 다시 열네 권을 들어 뒤섞는다. "난 67년째 이 일을 하고 있다오." 노인이 투덜거린다. "그리고 앞으로 1,250만 년을 더 해야 하지. 빨리 시작하는 게 좋을걸."

차별점

옥사나는 자신의 새 일에 담겨 있는 수학을 생각하지 못했다. 책이 열다섯 권 있다면, 첫 번째에 놓을 수 있는 책은 열다섯권이다. 두 번째는 열네 권, 세 번째는 열세 권……. 따라서 가능한 배열의 총 수는 15×14×13×……이므로, 15팩토리얼(15!라고 쓴다)이 된다. 계산하면 1조 3,000억 가지나 된다. 눈송이가 생길 때 다른 모양이 되기 위해 자연이 선택할 수 있는 경우의 수는 이보다 훨씬 더 많다. 각각의 눈송이는 달라질 수 있는 요소가 수십, 수백 개나 되기 때문이다. 가능한 눈송이의 모양은 우주에 있는 원자의 수보다 훨씬 많다는 뜻이다. 따라서 이론적으로는 똑같은 모양이 생길 수 있지만, 지금까지 지구에 10^{34}개의 눈송이가 떨어졌음에도 그럴 일이 생길 확률은 무한히 낮다.

복잡성의 수준

그러나 눈송이, 정확히는 눈 결정에도 '수준'이 있다. 가지처럼 뻗은 보편적인 결정의 경우 모양의 복잡성이 실제로 무한하다. 하지만, 육각기둥이나 판 모양으로 시작하는 단순한 눈 결정(수지상 결정)은 비슷비슷하게 생겼다.

"…… 평범한 기적의 끝없는 반복."

오르한 파묵, 『눈』(2004)

077 희박해도 확률은 있다

척은 방금 복권을 한 장 샀다. 복권을 쥐고 슈퍼마켓 문을 나선다. 이번에는 왠지 기분이 좋다. 이번만큼은 분명히 대박을 터뜨릴 것 같다.

길을 건너던 척은 자동차에 치여 근처에 있는 강가로 날아간다. 그곳에서 악어의 공격을 받는다. 비틀거리며 강가를 벗어나는데, 말벌의 독침에 쏘인다. 목구멍이 조여 오는 가운데 전화기가 울린다. 전화를 받으니 NBA 선수로 뽑혔다는 소식이 들린다. 척은 전화를 끊고 구급차를 부르려고 하지만, 정신이 없는 상태라 아무렇게나 번호를 누를 수밖에 없다. 척의 전화를 받은 건 미스 유니버스이다. 한쪽 발에 운석이 떨어진다. 그리고 다른 쪽 발에 비행기 파편이 떨어진다. 척의 손은 살을 먹는 박테리아가 먹어 치우고 있다. 누군가 찾아와 척이 아카데미상을 탔다는 소식을 전한다. 또 다른 사람이 찾아와 척이 NASA의 우주 비행사 프로그램에 선발되었다는 내용이 담긴 쪽지를 건넨다. 척은 올림픽에서 금메달을 따고 미국 대통령으로 뽑힌다. 비틀거리며 골프장에 들어선 척은 우연히 홀인원을 한다. 그리고 바다로 떨어져 상어의 공격을 받는다. 다시 땅으로 기어와 오른손잡이용 물건을 사용하려고 하지만, 왼손잡이였던 관계로 다시 치명적인 부상을 당한다. 마침내 척은 번개에 맞은 뒤 하늘에서 떨어진 자동판매기에 깔린다.

> "원하는 대로 복권에 도전해 보라.
> 분명히 잃을 것이다. 많이 사면 살수록
> 확실히 손해를 볼 것이다."
>
> 애덤 스미스(1723~1790)

복권에 당첨될 확률은?

복권에 따라 모두 다르다. 예를 들어, 미국의 파워볼 1등에 당첨될 확률은 1억 7,522만 3,510분의 1이고, 영국 국가 복권 1등에 당첨될 확률은 4,500만 분의 1이다. 척에게 일어난 일 하나하나는 복권 당첨보다 가능성이 크다. 아일랜드 복권 1등 당첨 확률이 1,070만 분의 1로 그나마 높지만, 그래도 벼락에 맞을 확률은 그보다 여덟 배나 높다.

"내 아내는 이렇게 말했지.
'복권에 당첨되어도 나를 사랑할 거야?'
나는 대답했어.
'당연하지. 당신이 그립기는 하겠지만, 여전히 사랑할 거야.'"

프랭크 카슨(1926~2012)

정말로 복권 당첨 확률보다 벼락 맞을 확률이 더 높을까?

078 자석 범퍼카

다노의 범퍼카는 놀이공원에서 잔뼈가 굵은 시설이다. 다노는 수입을 늘리고 싶지만, 그렇다고 해서 너무 많은 범퍼카를 한 번에 늘릴 수는 없다. 그랬다가는 세게 충돌하면서 시설 밖으로 튀어 나갈 것이기 때문이다.

다노는 영리한 계획을 떠올린다. 범퍼카의 네 귀퉁이에 자석을 다는 것이다. 앞쪽의 자석 두 개는 뒤쪽의 자석 두 개와 극성이 반대다. 범퍼카가 가까워지면 자력에 의해 서로 달라붙으려 할 것이다. 다노의 동업자인 베노는 괜히 범퍼카의 재미만 떨어뜨릴 뿐이라고 반대한다. 하지만 다노는 범퍼카 장이 고출력 배터리로 작동하므로 범퍼카가 빨리 움직여서 비교적 약한 자석의 끌림은 쉽게 깨진다고 지적한다. 범퍼카는 평소보다 좀 더 가까워져서 범퍼카 장에 더 많은 범퍼카를 넣을 수 있지만, 서로 부딪치는 재미는 떨어지지 않는다고 했다.

극치처럼 온도가 어는점보다 한참 낮은 곳에서도 바다가 모두 한 덩어리로 얼어붙지 않는 이유는 무엇일까?

예상대로 나노의 영리한 계획은 성공을 거둬 범퍼카를 15% 더 늘릴 수 있게 된다. 다들 다노가 천재라고 인정한다. 그런데 예상치 못한 일이 벌어진다. 범퍼카가 늘어나 배터리가 금세 닳아 버리는 것이다. 범퍼카가 움직이지 않자 자석이 서로 들러붙기 시작한다. 자연히 범퍼카 한 대에 다른 넉 대가 달라붙는다. 하지만 그렇게 되려면 범퍼카가 전보다 더 큰 간격을 유지하면서 격자 모양으로 배열돼야 한다. 범퍼카는 오밀조밀하게 모이기는커녕 갑자기 훨씬 더 낮은 밀도로 퍼져 나가고, 바깥쪽에 있던 범퍼카는 밖으로 떨어지고 만다.

얼음은 왜 뜰까?

다노의 범퍼카는 물 분자와 같다. 물 분자에서 조그만 자석 역할을 하는 것이 네 개 있다. 액체 상태일 때 물 분자는 에너지가 많아 마구 돌아다니며 서로 부딪친다. 물 분자에 있는 소위 '자석'은 정신없는 속도로 서로 끌어당겨 결합을 형성하고 깨졌다가 다시 결합하기를 반복한다. 그래서 물 분자는 다른 비슷한 분자보다 훨씬 더 점성이 크며, 액체 상태의 물은 생각보다 밀도가 크다. 온도가 떨어지면, 물 분자의 속도가 줄어든다. 각 분자의 '자석' 네 개는 동시에 결합을 형성하고, 그러기 위해 분자는 격자 모양으로 퍼진다. 분자 사이의 간격은 전보다 훨씬 더 커진다. 얼음이 물보다 밀도가 작은 이유가 바로 이것이다. 얼음은 가라앉지 않고 물 위에 뜬다.

얼음 담요

얼음은 물에 뜨기 때문에 물 위에 생긴 얼음은 나머지 부분이 얼지 않도록 차단해 주는 역할을 한다. 이것이 바로 극지방에서도 바다의 일부분만 어는 이유이다. 염분, 해류, 지열 에너지 역시 바다가 전부 얼지 않도록 방해한다.

079 속도에 대한 빗물의 갈망

플리피와 친구들은 함께 모여서 커다란 물방울이 떨어지는 모습을 구경했다. "와, 저거 봤어?" "정말 빠르다!" 플리피는 꿈꾸는 듯한 목소리로 말했다. "나도 저렇게 빨리 떨어지고 싶어." 친구들이 놀랐다. "너처럼 조그만 물방울이 큰 물방울을 따라잡을 수 있을까?" "에이, 넌 너무 작아, 플리피. 너는 그냥 보슬비라고!"

하지만 플리피는 굽히지 않고 마음을 단단히 먹었다. 내 차례가 오면 큰 물방울처럼 빠르게 떨어질 거야. 플라피의 엄마는 한숨을 쉬었다. "네가 응결핵이었을 때부터 누이이 설명하지 않았니. 떨어지는 속도는 크기에 좌우된다고. 불공평하다는 건 알지만 어쩔 수 없어. 물리학이 원래 그래!"

마침내 그날이 왔다. 구름이 너무 커졌고, 높아져서 큰비가 내릴 때였다. 플리피는 작은 친구들이 하나둘씩 떨어지는 모습을 지켜보았다. 친구들은 바람과 열기에 밀려 천천히 떠돌며 내려갔다. 떨어지는 것 같지도 않았다. 하지만 플리피는 꿈을 포기하지 않았다. 아주 큰 물방울이 스쳐 지나가기를 기다렸다가 뛰어올라 그 뒤를 바짝 쫓았다. 잘 되는 것 같았다. 거의 합쳐질 정도로 가까이 머물자 점점 빨라졌다. 플리피는 친구들을 지나치며 기쁨에 겨워 소리를 질렀다. 속도는 갈수록 빨라졌다. 너무 빨라지다 못해 온 세상

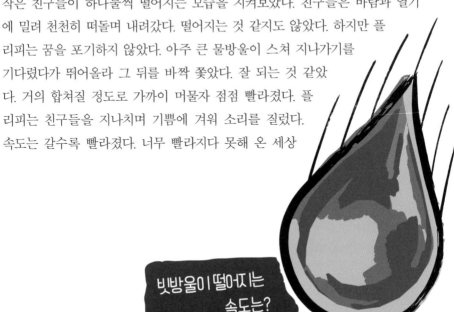

빗방울이 떨어지는 속도는?

이 흐릿해 보였다. 마침내 플리피는 커다란 물방울 뒤에서 빠져 나왔다. 그러자 갑자기 격렬한 공기 저항이 느껴지면서 속도가 느려졌다. 하지만 이미 충분했다. 플리피는 해냈다. 그 어떤 작은 물방울보다 빨리 떨어졌다. 플리피는 땅에 힘차게 내리꽂힐 것이다.

종단 속도

빗방울의 속도 한계는 보통 종단 속도에 의해 정해진다. 종단 속도란 마주하는 공기 저항(속도가 빨라질수록 커진다.)이 중력(속도와 상관없다.)과 똑같아져서 빗방울이 더 빨라질 수 없는 속도를 말한다. 큰 빗방울은 작은 빗방울보다 종단 속도가 더 크다. 지름이 약 5mm인 빗방울은 약 초속 9m의 속도까지 낼 수 있지만, 지름이 그의 10분의 1 정도인 작은 보슬비 방울은 초속 1m를 넘지 못한다.

종단 속도를 넘어

플리피는 비를 연구하는 과학자들이 최근에야 알아낸 비결을 이용했다. 레이저로 빗방울을 측정한 결과 작은 빗방울의 30~60%가 '초종단 속도'를 냈다. 예상되는 종단 속도보다 더 빨리 떨어졌다는 뜻이다. 과학자들은 이런 작은 빗방울이 마지막 순간에 큰 빗방울에서 떨어져 나와 종단 속도까지 느려지지 못했거나 큰 물방울 뒤에서 떨어져 공기 저항이 줄어드는 이득을 봤을 것으로 생각한다. 어떤 작은 빗방울은 이론적인 속도 한계의 열 배나 되는 속도로 움직인다.

"비가 오면 어떤 사람은 빗속을 걸으며 만끽하지만, 어떤 사람은 그냥 젖을 뿐이다."

로저 밀러(1936~1992)

080 구름이 얼마나 무겁길래

　멀고 먼 나라에 사는 사람들은 덩치가 산만 하고 무서운 거인 때문에 공포에 질려 있었다. 사람들은 거인 퇴치자 잭을 찾아가 무시무시한 거인에 관해 말해 주었다. "성만큼이나 커요." 또 이렇게 말했다. "허리케인처럼 기운이 세기도 해요. 고래처럼 엄청나게 먹고 사막처럼 물을 마시지요. 겨울처럼 잔인하고, 낡은 가죽처럼 튼튼해요." "약점은 없고요?" 잭이 물었다. "자만심이 넘치고 자화자찬이 심해요." 사람들은 대답했다.

　그리하여 잭은 멋진 옷을 입고 거인의 거처를 향해 길을 떠났다. 제복을 입은 합창단도 데려갔다. 잭은 합창단이 거인의 귀에 대고 은빛 트럼펫 소리로 '거인 퇴치자 잭'이 지나간다고 알리게 했다. 거인이 뛰어나오며 곤봉을 휘둘렀다. "거인 퇴치자? 나와 같은 거인은 만나 보지 못했나 보군." 하지만 잭은 거인에게 등을 돌린 채 말했다. "너와 싸울 가치는 없어 보이는군. 그렇게 비쩍 마른 모습을 보니 동정심만 들 뿐이야."

구름은 희박한 공기 위에 떠 있어서 무게가 없어 보이지만, 정말 그럴까? 구름의 무게는 얼마일까?

거인은 화가 나서 나무를 뽑고 바위를 산산조각 냈다. "난 이 땅의 누구보다도 힘이 세다." 거인이 의기양양하게 외쳤다. "뭐든지 말만 해 봐라. 내가 보여 주마."

잭은 우습다는 듯 코웃음을 쳤다. "음, 난 네가 구름 하나 들지 못한다는 걸 알지. 약해 빠진 녀석." 거인이 소리쳤다. "뭐라고? 저 공중에 떠 있는 솜사탕 같은 것 말이냐? 저런 건 천 개라도 들 수 있다."

"그렇다면. 증명해 봐라." 잭이 말했다. 잭은 거인을 작은 산의 큰 바위로 데려가더니 이 바위가 구름 하나와 같은 무게라고 설명하면서 들어 보라고 말했다. 약할 뿐만 아니라 거짓말쟁이라는 소리를 듣기 싫었던 거인은 호언장담한 대로 해야 했다. 거인은 거대한 바위를 들어 올리려다가 그대로 납작해지고 말았다.

구름 속에는 무엇이 있을까?

거인은 구름이 허공에 떠 있으니 깃털보다 가벼울 것이라는 흔한 오해에 사로잡혀 있었다. 그러나 뜨는 것은 무게가 아니라 밀도와 관련이 있다. 구름 속의 습한 공기는 주변의 건조한 공기보다 밀도가 살짝 낮다. 예를 들어, 구름의 밀도는 $1m^3$당 1.134kg이고, 건조한 공기는 $1m^3$당 1.14kg일 수 있다. 하지만 구름은 굉장히 크기 때문에 총 무게는 엄청나다. 적운 한쪽 면의 길이가 1km 정도라면, 부피는 $1km^3$가 된다. 밀도가 위에서 가정한 것과 같다면, 이 구름의 무게는 100만 톤이 넘는다.

물의 함량

구름의 무게를 계산하는 또 다른 방법은 물의 함량을 측정하는 것이다. 이것이야말로 구름과 주변 공기를 구분해 주는 요소이다. 위에서 언급한 적운의 물 밀도는 $1m^3$당 0.5g정도이다. 그러면 물의 총 함량은 450톤 정도가 된다. 사람이 가득 탄 초대형 여객기의 무게와 비슷하다고 볼 수 있다.

081 우리 집처럼 안전한 핵 폐기물 저장소

원자력 운영 관리 기구에서 수지맞는 계약을 노린 입찰자들을 초청했다. 전 세계 통합 고준위 핵폐기물 처리장을 유치하기 위해 여러 나라에서 입찰했다.

먼저 피지에서 나선다. 태평양 한가운데 고립된 섬에 전 세계의 폐기물을 모아 놓자고 한다. 이탈리아에서는 깊은 광산 속에 저장하겠다고 제안한다. 호주에서는 안정된 정부, 발달한 기반 시설, 아주 적당한 지질 환경을 내세운다. 미국에서는 뉴멕시코 주에도 적합한 지질 환경이 있으며, 그곳에 이미 잘 만든 지하 저장고가 있다고 말한다.

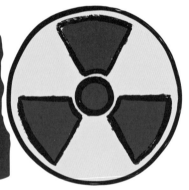

현재 세계의 고준위 핵폐기물은
원자력 발전소에 그대로 저장되어 있다.
그러나 앞으로 오랫동안 보관하려면
어디가 적당할까?

정치적 문제

방사성 폐기물을 아주 안전하게 오랫동안 보관하는 기술은 이미 있다. 예를 들어, 미국 뉴멕시코주 칼스배드 근처에는 실제로 지하 저장고가 있다. 그곳은 장기 보관에 필요한 거의 모든 요구 조건을 만족한다. 남호주에도 세상의 폐기물을 모두 저장할 수 있는 장소가 있다. 핵폐기물 장기 보관에 관한 해결책을 찾아내는 데 진짜 걸림돌은 정치이다.

그나마 낫다면

흔히 사람들은 방사성 폐기물을 고도로 발달한 인류의 기술이 만들어 낸 최악의 부산물이라고 생각한다. 그런데 상대적으로 따져 보면, 그렇게 나쁘다고만은 할 수 없다. OECD 국가에서는 매년 3억 톤의 독성 폐기물을 만든다. 그중 불과 1만 2,000톤만이 고준위 방사성 폐기물이다. 언제나 독성을 유지하는 여타 독성 폐기물과 달리 방사성 폐기물은 시간이 갈수록 덜 위험해진다. 끝없이 약한 방사성 원소로 바뀌기 때문이다. 예를 들어, 스트론튬 90과 세슘 137의 반감기는 30년이다. 즉, 30년이 지나면 동위 원소로 오염된 폐기물은 방사능이 절반으로 떨어진다.

어디가 가장 좋을까

입찰국 중 일부 국가에서는 생각이 짧았다. 폐기물이 태평양 한가운데 고립되어 있다는 것은 장점이지만, 폭풍이 칠지도 모르는 바다를 건너 지하 수위가 높은 다공성 바위층에 버린다는 것은 무모한 짓이다. 구멍을 깊이 뚫는 것도 영구적인 처리 방법으로 괜찮은 선택이다. 하지만 지질 구조가 수천 년 동안 안정적인 곳이어야만 한다. 이탈리아는 세계에서 지질 활동이 활발한 축에 속한다. 반면, 호주는 지질 활동이 별로 없고, 지하수 이동성이 낮으면서 깊은 지층이 많다.

082 위쪽의 공기는 어때

이름이 거의 알려지지 않은 유명한 몽골피어 형제의 사촌 이레플래셰 몽골피어는 한 열기구를 설계했다. 그가 만든 열기구는 조세프-미셸과 자크-에티엔느가 만든 허접스러운 것보다 훨씬 더 많은 사람을 태울 수 있다. 늘어나는 바구니라는 혁신적인 기술 덕분이다. 이레플래셰는 열을 받으면 늘어나면서도 강도는 그대로인 나뭇가지를 엮어서 새로운 곤돌라를 만들었다. 덕분에 진정으로 웅장한 곤돌라를 열기구에 매달아 날아오를 수 있게 되었다.

출발하는 날, 100명이 넘는 용감하고 호기심 넘치는 사람들이 경이로운 마음으로 열기구에 올랐다. 이레플래셰가 지상 요원에게 신호를 보내 묶인 밧줄을 풀자 멋진 열기구가 하늘로 솟아오른다. 처음에는 빠르게 올라가는 모습에 모두가 환호한다. 하지만 사람들의 입에서 입김이 나오기 시작하자 이레플래셰는 슬슬 불안해진다. 발 아래의 바구니에서 삐걱거리는 불길한 소리가 들리고 있다. 이레플래셰는 몸을 굽히

하와이의 와이알레알레는 1년에 평균 335일 비가 온다. 반면 칠레의 아리카는 6년에 하루 꼴로 비가 온다. 두 지역에 사는 사람들 모두 이렇게 자문할 것이다. 비는 왜 오는 걸까?

고 자세히 관찰한다. 맨눈으로 봐도 곤돌라를 엮은 가닥이 수축하고 있는 게 보인다. 얼마 뒤 곤돌라 끄트머리에 서 있던 승객들이 빠르게 수축하는 테두리에 부딪히며 소리치기 시작한다. 사람들은 좁은 공간으로 밀려들었고, 곤돌라 안에서 밀려난 사람들이 떨어지기 시작하자 섬뜩한 절규가 터져 나온다. 지상에서는 겁에 질린 구경꾼들이 비처럼 내리는 사람을 피하려고 지붕을 찾아 뛰어다닌다.

높을수록 춥다

이레플래셔의 엉터리 곤돌라는 공기에 대한 비유이다. 이 곤돌라가 따뜻할 때 더 많은 사람을 태울 수 있는 것과 마찬가지로 공기도 따뜻할 때 수증기를 더 담을 수 있다. 풍선처럼 따뜻한 공기는 차가운 공기보다 밀도가 낮아 위로 떠오른다. 그러나 공기의 밀도는 고도가 높아지면서 줄어들고(열에너지를 담는 능력도 함께 줄어든다) 공기는 주로 지상으로부터 열을 받기 때문에 기온은 1,000m 올라갈 때마다 6.5℃씩 낮아진다. 따라서 공기가 상승하면서 식으면 포함할 수 있는 수증기의 양이 줄어든다. 곤돌라가 태울 수 있는 승객의 수가 줄어드는 것과 같다. 특정 높이에 이르면 공기에 담긴 수증기는 물방울로 응축해 구름을 만든다. 중력을 받아 물방울이 아래로 떨어지는 힘이 위로 올라가는 기류와 공기 저항을 넘어설 정도로 물방울이 무거워지면 비가 되어 내린다.

비의 종류

- 대류성 강우는 따뜻하고 습기 많은 공기가 상승하면서 생긴다. 이런 공기는 주변의 찬 공기보다 밀도가 낮기 때문이다.
- 지형성 강우는 따뜻하고 습기 많은 공기가 산을 따라 올라가면서 생긴다.
- 전선성 강우는 따뜻한 공기가 찬 공기와 만났을 때 생긴다. 따뜻한 공기와 찬 공기는 섞이지 않는다. 그 대신 따뜻한 공기는 밀도가 더 높은 찬 공기 위로 올라가면서 전선(前線)을 만들어 비를 내린다.

083 벌거벗은 북극곰

당대의 가장 대담한 북극곰 패션 디자이너, 폴로 샤넬은 기대에 찬 얼굴로 무대 주위에 앉아 있는 관객을 슬쩍 바라보며 미소를 지었다. 폴로는 관객에게 평생 잊지 못할 쇼를 보여 줄 생각이었다. 장내 아나운서의 목소리가 흘러나오며 모델이 등장하기 시작했다.

"우리의 가장 기본적인 모습입니다. 페르디타는 눈부신 흰색을 입고 있습니다. 속이 텅 빈 털 코트 덕분이지요. 자연이 디자인한 이 털은 들어온 햇빛을 모든 색깔의 대역으로 산란시키는 데 탁월합니다. 물론 모든 색을 다 합치면 하얀색이지요. 페르디타는 이번 시즌의 시작을 알리며 최신 코트를 입었습니다. 진정으로 또렷한 색을 경험하려면 직사광선 아래에서 보는 게 가장 좋습니다.

다음으로는 파리아가 좀 더 성숙한 고객을 위한 노란 코트를 보여 줍니다. 파리아가 입고 있는 코트의 털은 한 시즌 분량의 바다표범을 충분히 섭취해서 생긴 기름으로 세심하게 물들인 것입니다. 이어서 패트리샤가 나옵니다. 충격적이

어린아이라도 다음 질문의 답을 알고 있다고 할 것이다. "북극곰은 무슨 색일까?" 하지만 겉보기에 하얗다고 해서 피부 색깔도 그렇다고 할 수 있을까?

군요. 완전히 새로운 모습입니다.

솜털을 보호하는 보호 털의 텅 빈 공간에 해조류를 넣어 놀라운 녹색 코트를 만들었습니다. 이런 색을 얻기 위해서는 따뜻하고 습도가 높은 기후에 몇 달 동안 노출돼야 한답니다, 여러분."

"그리고 이제 마지막입니다……." 관객들은 숨을 죽이고 기다리다가 놀라움과 감탄이 섞인 한숨을 내쉬었다. 털을 완전히 밀어 검은 피부를 노출한 곰이 등장했던 것이다. "프루던스는 완전한 나체를 만들기 위해 머리부터 발끝까지 면도했습니다." 관객들은 다같이 일어서 폴로 샤넬의 대담한 도박에 박수를 보냈다. 물론 모두가 얼음벌을 돌아다니는 평범한 북극곰이 따라 할 만한 패션이라고 생각했던 것은 아니었다.

텅 빈 털

북극곰은 눈이 많은 환경에 아주 영리하게 적응했다. 적어도 가시광선에 관해서만큼은 말이다. 빛은 전자기파(전자기장의 진동)이다. 좀 더 구체적으로 말하면, '빛'은 파장과 진동수가 제각각인 전자기파 중에서 눈에 보이는 영역 – 스펙트럼 – 에 붙인 이름이다. 스펙트럼은 전파처럼 진동수가 낮고 파장이 긴 파동부터 엑스선이나 감마선처럼 진동수가 높고 파장이 짧은 파동을 모두 아우른다. 가시광선 영역 바로 밖에는 적외선과 자외선이 있다. 순록처럼 북극곰의 먹이가 되는 동물 일부는 자외선을 볼 수 있다. 자외선 영역에서는 북극곰이 훨씬 더 잘 보인다. 투명하고 속이 빈 보호 털은 모든 파장의 빛을 산란해 북극곰이 하얗게 보이게 한다. 이 효과는 색이 없는 안쪽 털, 보호 털 안에서 빛을 산란하는 입자, 바닷물에서 나와 털 사이에 낀 소금 결정에 의해 더 강해진다. 그러나 털 아래에 있는 북극곰의 가죽은 검은색이다.

알고 보면 다채로운 북극곰

낡은 털을 벗고 새로운 털을 기르느라 가장 하얀 시기에도 북극곰은 다른 색깔을 띨 수 있다. 먹이로 먹은 기름이 털에 쌓이면 노란색을 띠고, 기후가 따뜻한 동물원에서 살면서 해조류를 먹으면 녹색을 띠기도 한다.

084 내 소리가 편안하냥

이집트의 고양이 여신 바스테트를 위한 사원의 수호자란 힘들고 지치는 일이다. 물론 여신께서는 우리 인간의 언어로 이야기하지 않으신다. 따라서 우리는 최선을 다해 여신께서 내는 소리를 해석해야 한다. 쉭 하는 소리와 함께 침을 뱉은 건 꽤 분명하다. 최악은 가르랑거리는 소리이다. 어떨 때에는 편안하게 들리지만, 어떨 때에는 날카로운 소리가 나 신경을 곤두서게 한다. 어떨 때에는 그 소리로 사원을 오가는 고양이들과 이야기를 하는 것 같지만, 또 어떨 때에는 바스테트가 우리에게 이야기하는 것 같다. 아니면 명령을 내리는 것이거나, 사실은 음식을 달라는 것이 보통이다.

한 번은 내가 전투에서 부상을 입어 갈비뼈가 몇 개 부러진 적이 있었다. 나는 극심한 고통에 시달리며 여신 바로 앞에 있는 단 위에 놓였다. 여신께서 가르랑거리기 시작하자 진동이 내 뼈를 울리는 것을 느꼈다. 고통이 사그라들더니 기분이 편안해졌다. 나는 그렇게 바스테트의 가르랑거리는 소리를 들으며 며칠 동안 누워 있었고, 내 부상은 놀라울 정도로 빨리 나았다. 그 뒤로 나는 사원을 찾아오는 고양이의 가르릉 소리를 기꺼이 즐기고 있다. 여신께서 내는 가르랑거리는 소리를 좀 더 잘 이해할 수 있게 된 것 같기도 했다.

고양이는 만족스러울 때뿐 아니라 다양한 상황에서 가르랑거린다. 가르랑거리는 데에는 에너지가 든다. 따라서 유용한 기능이 있거나 진화 과정에서 유리해야만 한다. 고양이가 가르랑거리는 건 왜일까?

편안함과 먹이

익숙한 현상임에도 고양이가 가르랑거리는 이유는 아직 제대로 이해하지 못하고 있다. 숨을 들이마실 때와 내쉴 때 모두 가르랑거린다는 사실은 알려졌지만, 그 방식(예를 들어, 횡격막과 관련이 있는지)에 관해서는 논란이 있다. 여러 가지 설이 있는데, 그중에 의사소통과 위안이 있다. 고양이는 새끼 때부터 가르랑거릴 줄 알며, 생후 2일째부터 가르랑 소리에 대답한다. 그리고 새끼를 돌보며 동시에 가르랑거린다. 또 만족스러울 때, 다쳤거나 동물 병원에 갔을 때처럼 스트레스를 받았을 때에도 가르랑거린다. 따라서 가르랑거리는 것이 스스로 위안하는 행동일 수 있다. 가르랑거리면 뇌에서 엔돌핀이 나온다는 가설도 있다. 엔돌핀은 자연 분비되는 신경 전달 물질로 뇌의 보상 중추를 자극해 즐거운 감각을 불러일으키는 진정 효과가 있으며, 진통 효과도 있다. 가르랑거리는 소리가 긍정적인 자극과 부정적인 자극 모두에 대한 반응인 것은 이 때문일 수 있다. 연구자들은 고양이를 쓰다듬으면 고양이가 주인에게 먹이를 얻기 위해 여러 가지 다른 식으로 가르랑거린다는 사실도 알아냈다.

뼈를 붙여 주겠다냥

고양이의 가르랑거리는 소리가 상처, 특히 부러진 뼈의 치유를 돕는다는 놀라운 이론이 있다. 수의학계에서는 가르랑거리는 고양이가 부러진 뼈를 잔뜩 치료할 수 있다는 옛말이 있을 정도이다. 고양이는 상처와 수술에서 빨리 회복하기로 유명하다. 애완 고양이가 가르랑거리는 주파수는 약 26헤르츠인데, 이는 조직의 재생과 관련이 있다. 격렬한 운동은 뼈의 밀도를 높이는 효과가 있고, 가르랑거리는 압력파를 만들어 비슷한 방식으로 효과를 낼 가능성도 있다. 어쩌면 가르랑거리기는 고양이가 사냥에 대비해 한가할 때 뼈를 튼튼하게 만들기 위해 하는 음향 진동 치료일지도 모른다.

085 동물의 지능 수준

최근 발견된 행성 X로 여행을 갔던 사람들이 각자 다른 외계 생명체인 아제투잉크, 부페겟, 크리니텍스를 데리고 돌아왔다. 세 사람은 모두 자신이 데려온 외계 생명체에게 수화를 가르쳤다고 주장한다. 아와이 교수는 음식을 가리키고 '음식'이라는 단어를 수화로 말하는 모습을 보여 준다. 아제투잉크는 "줘."라는 말을 하고 아와이 교수는 음식을 준다. 그때 아와이 교수가 "이 방 안에 몇 명이 있지?"라고 물어보지만, 아제투잉크는 멍하니 바라본다. 브린들 교수는 부페겟에게 똑같은 질문을 한다. 부페겟은 유심히 바라보더니 촉수로 수를 세기 시작한다. 방 안에 있는 브린들 교수와 다른 아홉 명은 유심히 그 모습을 바라본다. 부페겟이 9까지 세자 사람들은 숨을 죽이고 여기서 멈출지 지켜본다. 부페겟이 열 번째 촉수를 들자 사람들이 웃으며 고개를 끄덕인다. 부페겟은 수 세기를 멈춘다.

카시비츠 교수는 "안녕, 기분이 어떠니?"라고 크리니텍스에게 말한다. 크리니텍스는 "피곤하다"라는 단어로 수화를 한다. 카시비츠 교수는 빨간 공과 파란 육면체를 보여 준다. 이미 이름을 알려 주었던 물건이다. 카시비츠 교수는 크리니텍스에게 파란 공과 빨간 각뿔을 보여 준다. 둘 다 크리니텍스가 처음 보는 것이다. 크리니텍스는 공의 색깔을 정확히 묘사하고, 피라미드에 관해 묻자 "공은 아니고, 육면체도 아니다."라고 대답한다. 이름을 묻자 크리니텍스는 "뾰족한 육면체"라고 말한다. 그리고 지쳤는지 "사람 너무 많다. 크리니텍스 피곤하다. 사람 이제 가라."라고 말한다. 사람들은 방을 나가 한쪽에서만

> 침팬지는 정말로
> 수화를 할 수 있을까?

볼 수 있는 유리를 통해 외계 생명체 셋을 관찰한다. 그때 크리니텍스가 다른 외계 생명체에게 수화로 이야기한다. "이 행성 싫어."

영리한 한스

아제투잉크와 부페젯은 인간이 아닌 종의 언어 능력에 관한 주장을 해석할 때 생기는 문제를 보여 주고 있다. 아제투잉크가 행동에서 나오는 직접적인 실마리에 반응하고 있다는 사실은 꽤 명백하다. 아제투잉크의 언어 능력이 양치기 개가 휘파람에 반응하는 것 이상으로 발달했다고 주장하기는 어렵다. 부페겟의 수 세기는 영리한 한스 현상의 한 예로 설명할 수 있다. 한스는 덧셈을 할 수 있었다는 20세기 초 독일의 말 이름이다. 조사 결과 미묘한 비언어적 실마리에 반응해서 수 세기를 멈췄던 것으로 드러났다. 이런 실마리를 주지 못하게 하자 말은 수를 셀 수 없었다.

말이 좀 되는 동물

크리니텍스는 다른 두 종과 확실히 수준 차이가 있어 보인다. 독려를 받지 않아도 대화를 시작할 수 있고, 사람이 없을 때에도 수화를 사용하고, 기존 개념을 가지고 창의적인 방식으로 새로운 개념을 만들고, 독립적인 관찰자가 해석할 수 있는 수화를 사용하고, 절을 모아 문장을 만들고, 어느 정도 수준의 문법을 보여 주고, 음식 외의 추상적인 개념에 관해서도 이야기할 수 있어 보인다. 크리니텍스의 마지막 말만 빼면, 수화를 배우며 자란 침팬지에게서도 비슷한 언어 능력을 관찰할 수 있다.

하늘을 날 수 있는데……

뛰어난 언어학자인 노엄 촘스키(1928~)는 동물의 언어 능력에 다음과 같이 회의적으로 반문한다. "만약 유인원에게 이렇게 멋진 (언어) 능력이 있다면, 왜 사용하지 않겠는가? 마치 인간이 실제로는 하늘을 날 수 있지만, 조련사가 와서 가르쳐 주기 전까지는 날지 못하는 것과 같다."

086 보지 못했다고 없는 것이 아니다

　　말로리는 조회 시간부터 방과 후 활동까지 학교를 돌아다니는 아바차 교장 선생님을 따라다니며 자세히 관찰했다. 말로리는 교장 선생님이 과자 한 조각이라도 먹는 모습을 본 적이 없었다. "교장 선생님은 뱀파이어나 귀신이 분명해. 아니면, 좀비거나." 말로리는 산제이에게 말했다. "뭔지는 모르겠지만, 그중 하나가 틀림없어. 아무것도 안 먹는다는 건 말도 안 돼. 그래. 가끔 보온병에 담긴 뭔가를 마시기는 하지만, 그건 피가 분명해!" 산제이는 헛소리라고 했지만, 말로리가 묵살했다. "교장 선생님이 집에 계실 때를 엿보자. 현장에서 확인하는 거야."

　　그날 저녁, 말로리와 산제이는 골목에서 몰래 만났다. 다 똑같아 보이는 교외 거주지를 두 구역 걸어갔다. 불이 켜져 있었다. 슬금슬금 창가로 가서 그 안을 들여다보았다. 아바차 교장 선생님은 TV 앞에 앉아 있었고, 무릎 위에 놓인 쟁반에는 닭고기와 밥이 있었다. 산제이는 말로리를 쳐다봤다. 말로리는 혼란스러운 표정이었다. 그때 커다란 팔이 창밖으로 불쑥 나와 옷깃을 붙잡는 바람에 깜짝 놀라고 말았다. "얘들아, 저녁 여덟 시에 우리 집 창문 밖에서 뭘 하고 있는 거니?" 아바차 교장 선생님이 물었다. 두 사람 이야기를 다 들은 교장 선생님은 질문을 던졌다.

　　"학교에서 다른 선생님들이 식사하는 모습은 본 적이 있니? 내가 낮에 스무디 마시는 건 보지 못했고?"

비둘기는 현대 사회에서 어디를 가도 볼 수 있는 동물이다. 특히 시내와 도시에 많다. 그런데 새끼 비둘기를 본 적이 있는가?

새끼는 안 보인다

아바차 교장 선생님은 두 가지 이야기를 하고 있다. 첫째, 이 학생들은 선생님이 눈에 띄는 곳에서 식사하는 모습을 거의 보지 못했다는 사실을 인지하지 못한 채 교장 선생님의 식습관에 비이성적인 관심을 갖고 있다. 둘째, 실제로 학생들은 교장 선생님이 먹는 모습을 본 적이 있다. 그걸 깨닫지 못했을 뿐이다. 흔히 하는 "새끼 비둘기를 본 사람은 없다."라는 말도 비슷하게 반박할 수 있다. 새 대부분에 관해서는 이 주장이 사실이다. 어렵지 않게 새끼를 볼 수 있는 유일한 새는 물새뿐이다. 또 새끼 비둘기는 흔하다. 하지만 성체와 아주 비슷해 보여서 새끼를 알아보는 사람은 거의 없을 뿐이다. 목에 하얀 점이 있는 산비둘기는 새끼이다. 보통 비둘기의 목 주위가 녹색과 자주색으로 희미하면서 눈이 검고 부리가 길고 부리 위쪽에 하얀 부분이 있으면 새끼이다.

사생활을 중시하는 비둘기

새끼 비둘기가 눈에 띄지 않기로 유명한 이유는 아바차 교장 선생님처럼 사생활을 중시하기 때문일 수도 있다. 특히 새끼에 관해서는 더 그렇다. 비둘기는 깃털이 성체에 가까워지기 전까지는 둥지를 떠나지 않는다. 둥지에 머무는 시간이 40일 가까이 되는데, 이는 정원에서 볼 수 있는 웬만한 새의 두 배나 되는 기간이다. 둥지 자체도 보기 어려운 곳에 있다. 비둘기는 절벽에서 사는 새의 후손으로, 둥지에 접근하기 어려운 바위 지형, 도시에서는 그와 비슷한 장소에 만들도록 진화했다. 비둘기의 둥지는 위가 가려져 있는 돌출 공간이나 다리 아래, 지붕 속 공간 같은 곳에 있으며, 비둘기는 사람이 살지 않는 건물을 특히 선호한다.

새끼 비둘기를 보게 된다면 아마 후회할 것이다. 못생긴 데다가 대머리 도도새를 닮은 구석이 있고, 부리도 머리에 비해서 너무 크다.

087 덩치의 한계

다카시는 성을 연장하는 계획을 관리 감독할 예정이다. 그런데 일이 생각처럼 잘 되지 않는다. 성의 길이와 폭을 두 배로 연장하기로 하자 다카시는 바닥재를 이전의 두 배로 주문했다. 바닥재가 도착하자 현장 책임자는 필요한 양의 절반밖에 안 된 다고 말했다. 길이와 폭이 두 배가 되면, 면적은 네 배가 된다는 소리였다.

기술자가 와서 중앙 기둥의 크기를 두 배로 늘려야 한다고 말하자, 다카시는 이전 의 경험을 살려 벽돌을 네 배 주문했다. 이번에도 현장 책임자는 주문량이 부족하다 고 지적했다. 부피는 높이 곱하기 폭 곱하기 길이이므로, 기둥이 두 배 커지면 부피는 여덟 배 커진다는 것이다. 그래서 현장 책임자가 더 커진 기둥이 무게를 얼마나 지탱 할 수 있는지 묻자 다카시는 자신 있게 부피가 여덟 배이므로 무게도 여덟 배 지탱할 수 있다고 대답한다. 안타깝게도 기둥이 무너지면서 성도 허물어 져 버린다.

킹콩만 한 유인원이나
고질라만 한 도마뱀이
있을 수 있을까?

뼈 때문에 안 돼

다카시의 불운한 성은 킹콩이나 고질라 같은 거대 괴수가 동물 크기의 물리적인 한계 때문에 불가능하다는 사실을 보여 준다. 갈릴레오(1564~1642)는 자신의 기념비적인 책 『새로운 두 과학』(1638)'에서 바로 이 주제를 다루었다. 갈릴레오는 덩치가 큰 동물은 몸무게를 지탱하기 위해 더 큰 뼈가 필요하지만, 뼈가 무게를 지탱하는 능력의 부피가 아니라 단면적에 비례해 커진다고 설명했다. 따라서 네 배의 무게를 지탱하기 위해서는 뼈가 여덟 배여야 한다. 동물이 거대해질수록 그 질량을 지탱하기 위해서는 뼈가 훨씬 더 커져야 하고, 무게는 점점 더 늘어난다. 적어도 지상에서는 수확 체감의 법칙 때문에 덩치가 커지는 데 한계가 있다.

거대 공룡

화석 증거에 따르면 과거에 거대한 파충류가 지상을 활보한 적이 있다. 티라노사우루스는 길이가 37m에 몸무게는 70톤이나 나갔을 것으로 추정하고 있다. 이 정도 덩치라면 동물의 크기를 제한하는 갈릴레오의 제곱─삼제곱 법칙을 위반하는 것처럼 보인다. 어쩌면 이런 거대 공룡은 물이 몸무게를 지탱해 주는 늪지대에서 주로 살았을지도 모른다.

"자연은 보통 사람의 열 배나 큰 거인을 만들어 낼 수 없다.
기적이 일어나거나 팔다리, 특히 뼈의 비율이
극적으로 바뀌지 않는 한."

갈릴레오 갈릴레이, 『새로운 두 과학』(1638)

088 꿀벌의 능력

2044년 국제 올림픽 위원회에서는 고민에 빠진다. '강화 인간 혹은 메타 휴먼을 어떻게 할 것인가?'에 대한 것 때문이다. 최근, 실험실에서 최신 유전자 편집 기술로 꿀벌과 인간의 유전자를 결합해 메타 휴먼을 만들었다. 이 '벌 인간'은 하늘을 날지 못하지만, 꿀벌의 굉장한 지구력을 지니고 있다. 또 꿀벌이 먹고 사는 꿀을 이용해 뛰어난 능력을 발휘할 수 있다.

벌 인간은 궁극의 장거리 수영 선수가 될 수도 있다. 꿀벌은 13.5km를 움직일 수 있는데, 이는 몸길이의 90만 배이다. 따라서 벌 인간도 몸길이의 90만 배를 헤엄칠 수 있다. 벌 인간의 키가 1.72m이므로 1,548km를 헤엄칠 수 있다는 뜻이다. 꿀벌은 꿀 1g의 에너지로 1,400km를 다닐 수 있으니 이는 몸길이의 9,500만 배이다. 즉 13.5km를 움직이는 데는 꿀 0.01g이면 충분하다. 몸집이 60만 배인 벌 인간에게는 꿀 6kg이 필요한 셈이다. 불행히도 이 정도 꿀을 만들기 위해서 꿀벌은 꽃 약 2,400만 송이를 찾아가야 하며 1억 600만 km를 날아다녀야 한다.

"말벌에게는 꿀벌을 특징짓는 특별한 특징이 없다. 당연한 일이다. 말벌에게는 꿀벌처럼 신성한 면이 없기 때문이다."

아리스토텔레스(기원전 384~322년경)

원하는 만큼

양봉업자들의 말에 따르면 꿀벌은 원하는 만큼 날 수 있다. 사막 한가운데 벌집을 놓고 일정한 거리에 둥그렇게 꽃을 놓은 뒤 거리를 점점 벌려 가면서 꿀벌이 어디까지 올 수 있는지 확인하면 꿀벌의 장거리 비행 능력을 시험할 수 있다. 실제로 이런 실험을 한 적이 있다. 그 결과 꿀벌은 11.26km까지 날 수 있었다. 그러나 꿀벌이 6.4km 이상을 날면 꿀을 모을 수 있는 양보다 더 많이 써 버리기 때문에 벌집의 무게는 줄어든다. 다른 실험에서는 꿀벌 한 마리가 날 수 있는 거리는 최대 13.5km였으며, 열대 지방에서 단독으로 생활하는 벌인 유플라시아 수리나멘시스는 23km까지 난 적이 있다.

꿀벌은 근면 성실함으로 유명하다. 그리고 단순히 날개 하나로 물리 법칙을 이겼다고도 한다. 꿀벌은 얼마나 멀리 날 수 있을까?

089 화성에서 수영하기

    최초의 화성 탐사대에서는 새로운 액체로 이루어진 호수가 있는 지하 동굴을 발견하고 깜짝 놀랐다. 바로 밀도가 아주 높은 금속 오스뮴이었기 때문이다. 오늘날 붉은 행성을 찾는 관광객은 오스뮴 호수가 위험하다는 설명을 일상적으로 듣지만, 안전 교육에는 아무도 관심이 없다.

    루이즈는 화성에서 즐거운 시간을 보내고 있었다. 올림푸스 몬즈 정상에도 올라갔고, 마리네리스 계곡의 절벽에서 낙하산을 매고 뛰어내리기도 했다. 지금은 괴상한 금속 호수가 있는 거대 동굴을 탐험하고 있었다. 탐험복은 극한의 기후와 호흡할 수 없는 대기로부터 이들을 완벽하게 보호해 줬다. 산소는 두 시간 분량을 가지고 있었고, 지표면에 있는 탐사선으로 돌아가는 데에는 10분밖에 걸리지 않았다. 그래서 루이즈는 30분은 더 즐길 수 있겠다고 생각했다.

    "이걸 봐!" 루이즈는 호수의 은빛 표면 위로 돌을 던지며 친구들에게 외쳤다. 액체는 거의 튀기지 않았고, 돌은 가라앉지 않고 반쯤 잠기는 데 그쳤다. "멋진데." 루이즈가 휘파람을 불었다. "이거 신기하다. 느낌이 어떨까?"

    루이즈는 호숫가로 내려가 발로 표면을 건드렸다.

    "루이즈, 안 돼!" 친구 한 명이 외쳤지만, 루이즈는

파리는 벽, 심지어는 천장 위에서도 걸을 수 있다. 물이 마치 얼음인 것처럼 미끄러져 다니는 곤충도 많다. 그런데 한번 물에 빠진 파리는 왜 빠져나오지 못하는 걸까?

신경도 쓰지 않고 외쳤다. "어이, 여기 완전히 뜰 수 있겠는데."

"루이즈, 기다려. 그러지 말라고 했⋯⋯." 하지만 너무 늦었다. 루이즈는 호수로 뛰어들었다. 액체는 밀도가 아주 높아서 루이즈는 몸의 절반 이상이 액체 밖으로 나올 정도였다. 기묘한 은빛의 걸쭉한 액체가 옷으로 스며들어 섬유를 뒤덮으며 적셨다. "나 완전히 수영하고 있어." 루이즈가 첨벙거리며 말했다. "퍽도 재미있겠다. 이제 나와. 15분 안에 탐사선으로 가야 해." 친구들이 심드렁하게 대꾸했다. "알았어. 알았어. 밖으로 나갈게."

루이즈는 어색한 동작으로 첨벙거리며 가장자리로 헤엄쳤다. 걸쭉한 액체 때문에 움직이기 힘들었다. 루이즈의 두 팔에는 마치 아령이 달린 느낌이었다. 가장자리에 도착한 루이즈는 몸을 밖으로 빼려 했다. 그런데 마치 누가 나가지 못하게 잡아당기는 것 같았다. 허우적거릴수록 옷은 더 액체 범벅이 됐고 움직이는 건 더 힘들어졌다. 루이즈는 두려움에 질리기 시작했다.

무거운 금속

루이즈는 변기 속에 빠진 파리와 같은 처지이다. 밀도와 표면적, 부피에 관한 간단한 수학 때문이다. 지구에서 샤워를 마치고 나온 사람은 약 0.5mm 두께의 물에 둘러싸여 있다. 그 물의 무게는 0.5kg도 되지 않는다. 사람의 덩치와 힘에 비하면 사소한 무게이다. 하지만 몸 크기가 작아진다면 문제가 될 수 있다. 젖은 생쥐는 자기 몸무게만큼의 물을 짊어진다. 파리를 적신 물의 무게는 파리의 몸무게보다 크다. 루이즈가 튀긴 액체 오스뮴은 물보다 밀도가 훨씬 크다. 따라서 루이즈가 뒤집어쓴 오스뮴의 무게는 자신의 몸무게보다 크고, 몸을 액체 밖으로 빼내지 못하게 만드는 것이다.

"누구나 알고 있겠지만, 물 또는 다른 액체에 젖은 파리는 아주 위험한 상황에 처해 있다."

J. B. S. 홀데인, 『올바른 크기에 관해』(1929)

090 호랑이와 사자, 세기의 대결

"신사, 숙녀 여러분! 격투의 밤입니다. 세상에서 가장 예상하기 쉬운 동물 세계의 결투에 오신 것을 환영합니다. 우리는 오늘 대형 고양잇과 동물의 진정한 챔피언, 동물계의 헤비급 최강자를 결정할 것입니다."

"청코너~, 서벵갈 지역의 순다르반스 국립 공원에서 싸우러 온 줄무늬 얼굴의 암살자, 검은색과 주황색의 도살자, 가장 치명적인 외톨이 사냥꾼……, 벵갈 호랑이! 그리고 홍코너~, 남아프리카 크루거 국립 공원에서 온 갈기 달린 괴물, 울부짖는 파괴자, 가장 크고 흉포한 초원의 악당……, 아프리카 검은 갈기 사자!"

종이 울리고, 제1라운드가 시작된다. 거대 고양잇과 동물 두 마리는 신중하게 맴돈다. 털북숭이 갈기가 있는 남아프리카의 사자는 상대보다 거의 15kg이 덜 나간다. 두 전사가 상대방을 빤히 노려보며 작은 소리를 내기 시작하더니 점점 본격 싸움이 되어간다. 씩 하는 소리에 이어 으르렁거리며 깊게 울리는 소리가 나더니 사자가 크게 포효한다.

제2라운드, 가짜 전투는 끝났다. 둘 다 뒷다리로 일어서서 상대보다 높은 유리한 위치를 점하려고 한다. 호랑이가 먼저 공격한다. 우월한 체격을 이용해 사자를 쓰러뜨린다. 그리고 곧바로 사자의 목을 물고 목을 졸라 죽이려고 한다. 그런데 이게 무슨 일인가? 사자의 수북한 갈기 때문에 제대로 물 수가 없다. 당황한 호랑이가 코너로 돌아가자 종이 울린다.

세 번째이자 마지막 라운드이다. 좀 더 자신감을 찾은 사자가 왼발을 휘두를 것처럼 속여서 호랑이의 균형을 빼앗는다. 사자가 호랑이를 후려치고는 위에 올라탄다. 아, 이번에는 치명타다. 사자가 강력한 턱으로 호랑이의 숨통을 끊었다. 이제 끝난 것 같다. 갈기가 사자에게 유리하게 경기의 흐름을 바꿔 놓았고, 승자는 정해졌다. 사자가 정글의 진정한 왕이다.

역시 생물학에서 가장 중요한 질문이 분명하다. 사자와 호랑이가 싸우면 누가 이길까?

사자 vs 호랑이

사자와 호랑이는 서로 사는 지역이 겹치지 않는다. 아시아 사자도 호랑이와 영역이 다르다. 그런데 옛날이라면 이야기가 좀 다르다. 로마 시대의 경기장부터 현대의 동물원, 서커스에 이르기까지 역사적으로 우연히 또는 의도적으로 두 동물이 싸운 적이 있다. 전문가의 의견은 갈린다. 그리고 과거 싸움의 증거는 명확하지 않다. 하지만 전반적으로 보면 사자가 호랑이에 앞서는 듯한데, 다음과 같은 이점 때문이다.

• 사자는 사회적인 동물이다. 특히 수컷은 경쟁자와 싸우는 데 익숙하다. 따라서 야생 사자는 혼자 사는 호랑이보다 싸움 '훈련'을 더 많이 받았고 경험도 더 많을 가능성이 크다.
• 야생에서 호랑이는 보통 경쟁자와 싸움하는 일을 피한다. 반면, 사자는 좀 더 공격적이다.
• 사자의 수북한 갈기는 목을 물어 숨을 못 쉬게 하면서 척추를 마비시키는 호랑이의 주 공격 기술을 방어하는 수단이 된다.

091 천장에서는 자유자재, 물에서는 속수무책

제프는 라이오넬 리치의 엄청난 팬으로서, 이 그래미상 4회 수상자에게 바치는 찬사로 천장에서 춤을 추기로 한다. 첫 번째 시도에는 흡착 컵을 이용했다. 하지만 발을 뗄 수도 허리를 굽혀 손을 댈 수도 없게 되어 구조를 받아야 했다. 두 번째 시도를 위해서 집파리의 발을 연구했다. 특히 발마다 달린 커다란 갈고리 발톱에 집중했다. 발에 스파이크를 붙여 봤지만, 천장에 구멍 몇 개를 뚫었을 뿐 미세한 틈이나 울퉁불퉁한 부분을 붙잡을 수 없다는 사실을 깨닫는다.

이어서 제프는 파리의 발아래쪽 부위(욕반)가 끝이 주먹처럼 생긴 조그만 털(강모) 수천 개로 덮여 있다는 사실을 알아낸다. 그리고 와플 기계와 빨리 굳는 라텍스를 이용해 강모로 덮인 발바닥을 만든다. 어렵고 힘든 일이었지만, 울퉁불퉁한 부분이 수백 개나 있는 신발 밑창도 만들어 낸다. 하지만 파리처럼 빽빽하게 만들 수는 없었던 탓에 이 특수 밑창도 그다지 접착력이 있지는 않다. 이번에도 제프는 천장에서 떨어진다.

제프는 실마리를 더 찾아서 파리가 걸어갔던 유리를 급속 냉동해 살펴보고, 거기에서 작고 번들거리는 발자국을 발견한다. 영감을 얻어 라텍스 신발 밑창에 얇게 당

파리는 벽, 심지어는 천장에서도 걸어 다닐 수 있다. 마치 얼음 위인 것처럼 물 위를 미끄러져 다니는 곤충도 많다. 그런데 물에 빠진 파리는 왜 빠져나오지 못하는 걸까?

밀을 바른다. 시험해 보니 정말 끈적여서 오랫동안 천장에 붙어 있을 것 같다. 자신감이 넘친 제프는 신발을 신고 받침대를 이용해 천장으로 올라가 신발을 천장에 붙인다. 마침내 잠깐 붙어서 희열을 만끽했지만, 곧 다시 떨어진다.

네 발을 붙여라

제프는 파리처럼 천장을 걷겠다는 꿈을 거의 이뤘다. 마지막 실수는 두 다리만으로 붙어 있으려고 했다는 점이다. 파리는 다리 여섯 개를 이용해 접착력을 얻는다. 그리고 거꾸로 걸을 때에도 최소한 네 개는 항상 표면에 붙어 있게 한다.

떼는 게 문제

파리는 제프보다 몸무게가 훨씬 적게 나간다는 점에서도 유리하다. 그렇기 때문에 훨씬 작은 접착력만 있어도 달라붙을 수 있다. 사실 파리가 겪는 문제 중 하나는 발을 떼는 것이다. 이때에는 갈고리 발톱이 지레 역할을 함으로써 발을 뗄 수 있도록 돕는다.

접착제는 필요 없어

파리를 비롯한 대부분의 곤충은 털을 이용해 달라붙을 수 있도록 유성 물질을 분비하지만, 게코 도마뱀은 전혀 다른 방법을 쓴다. 파리와 마찬가지로 게코 도마뱀의 발가락은 수천 개나 되는 작은 돌기 같은 구조(라멜라)로 덮여 있으며, 이 돌기는 각각 작은 섬모로 덮여 있다. 덕분에 게코 도마뱀의 발과 발이 닿는 표면이 접촉하는 면적은 아주 넓으며, 이 사이에 반 데르 발스 힘이라는 정전기적 인력이 작용한다. 반 데르 발스 힘은 약하지만, 넓은 면적에 작용하는 힘을 모두 합하면 게코 도마뱀의 몇 배나 되는 무게를 지탱할 수 있을 정도의 접착력을 얻을 수 있다.

092 식량문제의 대안은 바로 곤충

올해 학교 축제의 주제는 '세계 음식'이었다. 탄은 고향인 베트남의 특색 있는 길거리 음식을 진열하기로 했다. 바로 메뚜기였다. 탄은 메뚜기를 삶아 달걀 물에 적신 뒤 튀겨서 바삭한 간식을 만든다. 하지만 사람들은 메뚜기를 보고는 고개를 돌린다. 반대쪽에서 제공하고 있는 햄버거와 닭고기가 더 좋은 모양이다. 인상을 쓰며 구토를 일으키기 일쑤이다. 어떤 사람은 탄이 곤충을 내놓았다는 사실에 놀란다. 더럽고 비위생적이며 독이 있을 것이라고 생각하는 사람도 있다.

더 이상 안 되겠다고 생각한 탄은 곤충 요리를 팔기 위해 의자 위에 올라가 외친다. "건강한 음식을 먹고 싶으신 분?" 탄이 묻자 모두가 손을 든다. "어떤 고기보다도 단백질이 많고 영양가 풍부한 저지방 음식을 원하시는 분?" 사람들은 고개를 끄덕이며 웅성거린다. "환경에 신경 쓰시는 분? 지구 온난화를 막고 싶으신 분? 물과 땅, 생물 다양성을 지키고 싶으신 분?" 사람들은 동의한다고 외친다. "수십억 명이 처한 기근과 식량 불안정성을 해결하고 싶으신 분?" 박수와 함성이 터져 나왔다. "그러면 저희 판매대로 와서 메뚜기 튀김을 드세요!"

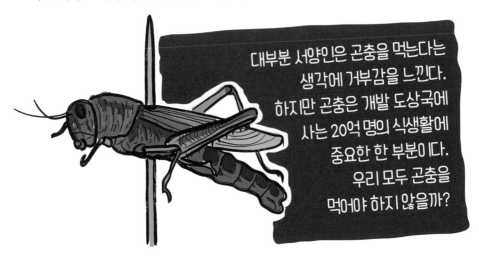

대부분 서양인은 곤충을 먹는다는 생각에 거부감을 느낀다. 하지만 곤충은 개발 도상국에 사는 20억 명의 식생활에 중요한 한 부분이다. 우리 모두 곤충을 먹어야 하지 않을까?

단백질 한가득

우리가 단백질을 얻는 여타 동물과 비교하면, 곤충은 지방과 탄수화물에 대한 단백질 비율이 훨씬 더 좋다. 메뚜기와 귀뚜라미는 단백질 함량이 거의 20%(말렸을 때에는 더 높다.)로, 쇠고기와 비슷하다. 하지만 지방 함량은 4분의 1밖에 안 되고, 칼로리는 40%에 불과하다. 곤충은 필수 지방산인 리놀레산과 α–리놀레산 같은 고도 불포화 지방산도 풍부하다. 콜레스테롤은 낮고, 칼슘과 철분은 풍부하다.

지속 가능한 식량

UN의 식량 농업 기구에서는 지속 가능성과 식량 생산을 둘러싼 몇 가지 문제를 해결할 방법으로 곤충을 권장한다. 세계적으로 단백질 수요가 증가하고, 개발 도상국의 식생활도 선진국에 가까워졌다. 또 세계 인구가 증가하면서 가축 사육이 이미 한계에 다다르고 있고 토지 사용과 환경 제재에 가하는 압력이 점점 높아지고 있다. 가축은 온실 효과와 물 부족도 가중하며, 근본적으로 사료를 단백질로 바꾸는 효율이 높지 않다. 곤충은 이 모든 문제에 대한 해결책을 제공한다.

- 지구에는 사람 한 명당 40t에 달하는 곤충이 있다.
- 예를 들어, 메뚜기는 단백질의 원천으로 소보다 20% 더 효율적이다.
- 귀뚜라미가 같은 양의 단백질을 만들기 위해 먹는 양은 소의 6분의 1이다.
- 귀뚜라미가 같은 양의 단백질을 만들면서 배출하는 메탄은 소의 80분의 1에 불과하다.
- 곤충이 비위생적이라는 이야기에는 근거가 없다. 특히 제대로 손질했다면 더욱 걱정할 필요 없다. 병원체가 있을 확률은 가축보다 낮다.

093 지구의 나무 세기

　세계 숲 위원회에서 나온 사람들이 황무지를 조사했다. 지난주까지만 해도 울창한 숲이 있었던 곳이지만, 순식간에 사라져 버린 곳이다. 첫 번째 남성이 커다란 세계지도를 꺼낸 뒤 펜으로 조사 중인 지역을 검게 칠했다. 지도에 녹색으로 나타난 부분은 마지막 빙하기가 끝난 뒤 나무로 덮여 있던 지역을 뜻했다. 지금은 녹색 지역의 절반이 검게 칠해져 있었다.

　벌목 회사에서 나온 여성이 벌목 업계에서 1년에 심는 나무가 수백만 그루라고 말했다. 하지만 숲 위원회에서 나온 남성들은 시큰둥한 반응이었다. 나무가 베이고 서식지가 파괴되는 속도는 그야말로 엄청나기 때문에 아무리 나무를 심는다고 해도 합으로 따지면 매년 100억 그루의 나무가 사라졌다. 이제 더 이상은 나무를 잃을 수 없다는 것이다. 나무는 이산화탄소를 흡수하고, 생물 다양성을 보호하고, 흙을 한데 뭉치게 하며, 홍수를 예방할 뿐만 아니라 산소를 만든다.

　벌목 회사 직원은 만약 업계에서 나무 심는 양을 늘리면, 예를 들어 마지막 빙하기 이후로 잘린 나무와 똑같은 수의 새 나무를 심으면 어떻겠냐고 제안했다. 숲 위원회 사람은 1초에 나무를 한 그루씩 심어도 9만 6000년이나 걸린다고 대꾸했다.

나무의 수는 인공위성 사진을 바탕으로 추정한다. 2015년이 돼서야 좀 더 정확한 모형으로 믿을 만한 답이 나왔다. 지구에 나무는 몇 그루나 있을까?

나무 세기

2015년 예일 대학교의 토머스 크로서가 이끄는 연구 팀에서는 세계의 나무 수를 추정하는 새로운 모형을 개발했다. 지상에서 얻은 숲 밀도에 관한 자세한 데이터 수백 세트와 인공위성 사진을 결합해 가장 정확한 수치를 얻었다. 연구 팀에서는 지구에 나무가 약 3조 그루 있다는 사실에 놀랐다. 이전까지 예측했던 수치의 여덟 배나 되는 결과였다. 연구 팀의 계산에 따르면, 이 수치는 인류 문명의 등장 이전에 있었던 나무 수의 절반 정도이다.

사람보다 훨씬 많다

1만 1000년 전에 – 그 이후 사람은 70억 명으로 늘어났다 – 있었던 나무의 절반밖에 되지 않지만, 나무는 사람 한 명당 420그루나 있을 정도로 수적으로 압도한다.

"우리가 올바르게 생각한다면
사물의 본질을 따졌을 때 초록빛 나무는
금과 은으로 만든 나무보다 훨씬 더 찬란하다."

마르틴 루터(1483~1546)

094 채워지는 생태계

"여기는 안전할 거야." 애덤은 바위로 이루어진 바닷가에 발을 디디며 스티브에게 말했다. 스티브는 모든 동물에게 두려움을 느끼는 증상이 심해져, 얼마 전까지 해저 화산이었다가 최근에 해수면 밖으로 솟아오른 새로운 섬에 살기로 했다. 애덤과 스티브는 섬이 식기를 기다렸다가 요트를 타고 들어와 캠프를 차렸다. 미생물을 제외하면 이 섬에 살아 있는 생명체라고는 자신들밖에 없다고 확신했다.

다음 날 아침 두 사람은 새 울음소리를 듣고 잠에서 깼다. 텐트 밖을 내다보니 적어도 열 마리가 넘는 바닷새가 걸어 다니고 있었다. 가장 가까운 육지가 있는 방향인 동쪽에서 강한 바람이 불어오고 있었다. 파리와 벌 몇 마리도 보였는데, 스티브는 조그만 거미가 매달린 거미줄이 떠다니는 모습을 보고 기겁했다. 한 달도 되지 않아 곤충이 최소 열 종 이상 나타났다. 대부분 바닷새가 둥지를 트는 곳에서였다. 그리고 녹색식물이 여기저기에서 솟아나기 시작했다.

폭풍이 섬을 휩쓸고 지나간 뒤 애덤은 해변에 내려갔다가 바다에서 밀려 올라온 식물 뭉치를 볼 수 있었다. 그 위에서 작은 거북 한 마리가 내려왔고, 옆에는 조그만 도마뱀도 있었다. 애덤은 도마뱀에 관해서는 스티브에게 이야기하지 않기로 마음먹었다. 한

하늘을 날지 못하는
동물이 섬까지
어떻게 올 수 있었을까?

마리밖에 없다면 번식할 염려는 없었다. 다음 주가 되자 애덤은 알을 낳아 놓은 둥지 위에 자랑스럽게 앉아 있는 도마뱀의 모습을 보고 놀랐다.

새로운 입주민

자연에서 벗어나겠다는 애덤과 스티브의 생각은 어리석은 것이다. 새로 생긴 생태계의 구멍은 금세 메워지며, 새로 생긴 섬이라고 해도 예외는 아니다. 대서양 한가운데 있는 화산섬 슈르체이는 1963년 아이슬란드 근처 바다 위로 솟아올랐는데, 며칠 만에 새가 찾아왔고, 다음 해에는 이끼와 날벌레가 살고 있었다. 1965년에는 몇 가지 식물이 자라고 있었으며, 진드기나 지렁이 같은 여러 무척추동물이 바람이나 새를 타고 와서 살고 있었다.

파충류는 최고의 개척자

하늘을 날지 못하는 척추동물 중 새로 나타난 섬에 가장 먼저 도착할 가능성이 큰 것은 떠다니는 식물을 타고 올 파충류이다. 거북은 탈것이 없어도 바다를 건널 수 있다. 파충류는 비교적 느린 신진대사 덕분에 바다를 건널 때 생존할 가능성이 좀 더 크고, 단성 생식(암수 중 한쪽만 있어도 번식 가능)이 가능해서 한 마리만 이주해도 수가 늘어날 수 있다.

섬 생활

섬 생활은 바다를 건너온 동물에게 기이한 효과를 끼친다. 피그미 하마와 지금은 멸종한 피그미 코끼리처럼 커다란 동물은 덩치가 작아진다. 작은 동물은 몸이 커지기도 한다. 예를 들어, 코모도 도마뱀이나 지금은 멸종한 모아 같은 경우가 그렇다. 그리고 갈라파고스 제도의 날지 못하는 가마우지나 멸종한 모리셔스 제도의 도도새처럼 새는 하늘을 나는 능력을 잃을 수도 있다.

095 야생에서 살아남기

웬디는 사람이 지겨워졌다. 사람이 꼴 보기 싫어진 웬디는 가족과 함께 정상 사회를 떠나 야생에서 살아가기로 한다. 처음으로 간 곳은 플로리다주 남서부의 미야카 강 주립 공원이다. 하지만 공원의 길이가 19km밖에 되지 않아 관광객이나 현지 주민과 쉽게 마주치게 된다. 웬디는 가족을 데리고 다시 캘리포니아주 북부의 험볼트 카운티에 있는 산속으로 옮긴다. 마을에서는 멀지만, 벌목 회사의 활동 때문에 가끔 성가실 때가 있다. 자원이 넓은 지역에 드문드문 있기 때문에 어쩔 수 없이 벌목공이나 순찰 대원과 종종 마주칠 수밖에 없다. 결국 웬디의 가족이 벌목 업체의 재산에 손해를 끼치고, 음식을 훔치며, 머물렀던 장소를 더럽힌다는 문제가 제기된다. 체포 영장이 발부되자 웬디 가족은 캐나다의 브리티시컬럼비아의 드넓은 황야로 도망친다. 하지만 마을 사람들을 피하는 것과 마음먹고 쫓아오는 추격자를 따돌리는 건 다른 일이다. 웬디 가족은 흔적을 남기지 않을 수 없다. 경찰은 웬디 가족이 남긴 쓰레기와 찢어진 옷 조각, 자취, 발자취를 쫓아 어렵지 않게 웬디 가족의 야영지를 찾아내고, 마침내 웬디를 카메라로 포착해 붙잡는다.

1958년 캘리포니아주 북부의 험볼트 카운티에서 거대한 인간의 발자국이 발견됐다. 그러자 북아메리카의 전설 속 유인원 빅풋에 관한 열정이 다시 불붙었다. 이런 동물이 정말 있을 수 있을까?

숨바꼭질

웬디는 야생 한가운데에서도 우연히 다른 사람과 마주치는 일을 피하기가 어렵다는 사실을 깨달았다. 작정하고 쫓는 추적자를 따돌리는 건 불가능하다. 자신과 가족이 먹을 음식을 찾기 위해서 웬디는 숨어 있던 곳을 나와 넓은 지역을 돌아다녀야 했다. 자연히 발견되지 않을 가능성이 대단히 낮아진다. 만약 웬디가 가족의 인구수를 꾸준히 유지하기 원한다면, 함께 야생에서 사는 사람이 상당히 많아야 한다. 이 역시 숨어서 살 수 있을 가능성을 매우 낮춘다. 이런 상황은 북아메리카의 야생에 살고 있다고 추측하는 소위 빅풋이라는 모종의 호미니드 무리에게도 똑같이 적용된다.

빅풋은 어디에나?

웬디가 있었던 장소는 플로리다 주 남서부를 포함해 모두 빅풋 목격담과 관련 있는 곳이다. 사실 빅풋 같은 미지의 생명체 목격담은 미국의 거의 모든 곳에 있을 뿐만 아니라 세계 여러 곳에 있다. 빅풋 같은 생명체는 적응력이 대단히 뛰어난 게 틀림없다.

있을 리 없다!

설령 좀 더 인구가 많은 지역에서 나온 목격담을 가능한 잘 쳐 준다고 해도(거대한 미지의 유인원을 봤다는 주장을 다른 것보다 딱히 더 신빙성 있게 생각해야 할 이유가 있을까?) 빅풋에 대한 믿음은 넘어야 할 산이 많다. 예를 들어, 호미니드 종이 오늘날까지 생존하려면 적어도 1950년대까지는 어느 정도 인구를 갖추고 있어야 했다. 그러나 털이나 배설물 같은 흔적, 신체 일부처럼 믿을 만한 증거가 인정받은 적은 아직 없다.

096 습구 온도

때는 2100년, 숙련된 지질학자인 모이라 쿠츠핀스키는 아부다비의 페르시아만 주에서 연구하고 있다. 연구실에서 밖을 내다보면 텅 빈 거리가 보인다. 작열하는 여름의 열기는 정말 어쩔 수 없지 않은 한 한낮에 도시를 돌아다닐 수 없게 만든다. 사람들은 모두 냉방이 되는 실내에 머문다. 하지만 모이라는 주위에 있는 시골이나 사막에 사는 수십만 명, 혹은 위도와 바다까지의 거리가 비슷해 똑같은 기후를 경험하고 있을 수십억 명은 냉방이라는 사치를 누릴 수 없음을 알고 있다. 안타까운 마음은 일기 예보를 보자 공포로 바뀐다. 예보에 따르면 다음 주 습구 온도는 35℃이다.

모이라는 이것이 의미하는 바를 특히 잘 이해할 수 있는 사람이다. 멕시코 치와와 사막 나이카의 수정 동굴에 마지막으로 다녀온 사람 중 현재 생존해 있는 한 명이기 때문이다. 오래전에 광산이 폐광되고 펌프가 꺼지면서 수정 동굴은 이제껏 발견된 가장 큰 수정이 있는 세계 불가사의가 되었다. 하지만 내부 환경 때문에 동굴 안에 들어가 본 사람은 불과 몇 명뿐이다. 모이라는 동굴 안에서 고작 20분을 머물기 위해 입었던 무거운 방열복과 호흡기를 떠올렸다. 그런 일기 예보가 서남아시아 열대 지방까지 펼쳐져 있는 모습을 보자 두려움에 몸을 떨기 시작한다.

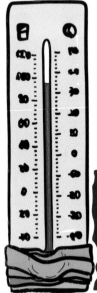

지구 온난화의 위협에 관한 경고는 보통 극지의 얼음이 녹는다는 데 초점을 맞추고 있다. 그런데 적도 근처는 어떨까? 지구 온난화가 지구의 일부를 거주 불가능하게 만들 수 있을까?

습구 온도

보통 일기 예보에서는 공기의 온도를 온도계로 측정한 온도를 보여 준다. 따로 측정한 습도를 함께 보여 주기도 한다. 사람의 건강에 가장 큰 영향을 끼치는 것은 습구 온도다. 습구 온도는 젖은 천으로 구부를 감싼 온도계로 측정한 온도다. 따라서 수분이 증발하면서 최대한 차가워진 축축한 표면의 온도를 기록한다.

땀도 소용없을 때

사람 피부의 정상 온도는 35℃이다. 따라서 피부를 둘러싼 공기 – 특히 폐의 축축한 표면과 맞닿아 있는 공기 – 의 습구 온도가 이보다 낮다면 몸의 수분이 증발할 수 있다. 이것이 우리가 몸을 식히는 원리이다. 그리고 물만 충분히 공급받는다면 사람은 강렬한 사막의 열기를 견디고, 심지어는 마라톤을 뛸 수도 있다. 그러나 만약 습구 온도가 35℃를 넘는다면 폐에서 수분이 증발하면서 열기를 가지고 갈 수 없다. 뜨겁고 습한 공기가 폐에 쌓이면서 호흡 곤란과 과열을 일으킨다.

수정 동굴

온도가 55℃에 습도가 100%인 나이카의 수정 동굴은 현재 세계에서 유일하게 습구 온도가 35℃를 넘는 곳이다. 하지만 제레미 S. 팔과 엘페이스 엘타히르가 2015년에 《네이처》에 발표한 것을 비롯한 몇몇 연구에 따르면, 2100년이 되면 서남아시아의 일부 지역에서는 습구 온도가 이 정도로 올라간다. 만약 그렇게 된다면 냉방을 하지 않을 경우 사람은 한 시간 안에 목숨을 잃는다.

097 모기는 어디를 가도 왕따

  신이 창조물의 여러 가지 결함을 판단하는 중이다. 세상을 급히 창조하는 바람에 실수가 있었지만, 성가시게 긴 목록을 하나씩 다시 들여다보고 있다. "다음은 뭐지?" 신이 묻는다. 천사장인 라파엘이 다소 겁이 많아 보이는 곤충을 데리고 온다. "멋진 신이시여, 모기입니다. 전 세계에 질병과 고통을 퍼뜨렸다는 혐의를 받고 있습니다." 신이 눈을 깔고 모기를 내려다본다. "네가 여름에 툰드라에서 구름처럼 몰려다니던 놈과 같은 족속이더냐? 너희들이 구름 속에 묻혀서 순록 한 마리가 정말 질식해 죽었다고 하던가?"

  "외람되지만, 저희는 생태계에 여러 가지 이로운 일을 하고 있습니다." 모기가 간절하게 말한다. 변호인인 천사장 가브리엘이 돕는다. "모기 애벌레와 성체는 여러 생태계에 필수적인 요소입니다. 많은 새와 물고기의 주요 먹이가 됩니다. '모기 물고기'라는 종이 있을 정도입니다. 그리고 물속에서 사는 애벌레는 물속의 유기물을 분해하여 물을 깨끗하게 해 줍니다."

  "말로 형언할 수 없이 위대한 신이시여, 그건 사실입니다." 라파엘이 말한다. "하지만 세라핌이 말하기를, 다른 포식 종들이 빈 공간을 금세 채울 것이며, 모기 애벌레를 먹고 살던 동물도

모기가 하룻밤 사이에
사라진다면 아쉬울까?

210

모기 대신에 번성할 다른 먹이에 금방 적응할 것 이라고 합니다." 모기가 필사적으로 말한다.

"하지만 최고신이시여, 저희는 수분도 많이 합니다. 저희가 없다면, 카카오나무가 수분하지 못해 초콜릿이 없어질 겁니다." 신이 정정한다. "어, 그런데 카카오나무를 수분하는 건 각다귀 였던 것 같은데." 모기는 죄인 같은 표정을 짓는다.

신이 정리한다. "그러니까 라파엘 네 말은 모기가 생태계 일부를 흔들어 놓을 수는 있지만 대체 불가능하지는 않다는 것이구나." "그렇습니다, 숭고하신 신이시여. 모기가 사라진다고 해도 별로 아쉬워할 존재가 없다는 건 사실입니다. 순록은 모기를 싫어하고, 인간도 항상 불평합니다. 말라리아, 황열병, 뎅기열, 일본뇌염, 리프트밸리열, 치쿤구니야 바이러스, 웨스트나일 바이러스를 모두 모기가 옮깁니다."

"이런!" 신이 모기를 손가락질하며 웃는다. "네 놈이 나쁜 짓을 많이 했구나. 그런데 너무 걱정하지는 말도록. 내가 세상을 창조하면서 배운 게 하나 있다면, 생태계의 구멍은 금방 메워지는 경향이 있다는 사실이다. 내가 너를 지구에서 박멸한다고 해도 곧 다른 매개 동물이 너희들 대신 그 끔찍한 질병을 퍼뜨리겠지. 게다가 난 멸종이 지겨워. 그 일은 인간이 많이 하고 있지 않으냐. 불쌍한 순록만 건드리지 않겠다고 약속해라."

모기는 그립지 않다

2010년 학술지 《네이처》에서 모기 연구자와 생태학자들에게 물은 결과 놀랍게도 상당수는 모기가 하룻밤 사이에 사라져도 특별히 아쉽지 않다고 했다. 흔히 모기 성체와 애벌레는 여러 동물의 먹이가 되고, 애벌레는 물속의 찌꺼기를 분해하는 데 도움이 된다고 알려져 있다. 그러나 전문가 대부분은 모기의 공백은 곧 다른 동물이 채워서 사라질 것으로 생각했다. 미국 농무부의 곤충학자 대니얼 스트릭맨은 이렇게 말했다. "해로운 모기를 제거해서 생태계가 받는 영향은 사람이 더 늘어난다는 것이다. 그게 바로 결과다." 그러나 자연은 진공을 싫어한다. 이 이야기에서 신이 이야기했듯이, 질병 매개 동물이 하나 사라진다면 단순히 다른 동물이 그 자리를 채울 가능성이 크다.

098 가족은 한패

아베니와 비잔, 쳉, 다네시는 게임을 하고 있다. 아베니와 쳉은 게임에서 이기고 싶어서 속임수와 전략을 쓴다. 세심하게 약점을 파악한 뒤 틈날 때마다 기회를 놓치지 않고 점수를 얻는다. 처음에는 아베니와 쳉 중 한 사람이 매 라운드마다 이긴다.

비잔과 다네시는 형제이다. 네 번째 라운드에서 비잔은 다네시의 점수를 빼앗아 올 기회를 얻지만, 그렇게 하지 않는다. 얼마 뒤 비잔은 쳉의 공격에 무력해져 그 라운드에서 꼴찌를 하지만 동생이 확실히 승리를 거둘 수 있게 되는 수를 둔다.

5라운드에서 다네시는 비잔에게는 도움이 되지만 자신에게는 그렇지 않은 수를 둔다. 비잔은 그 라운드에서 이긴다. 아베니와 쳉은 형제가 서로 돕는 건 반칙이라고 항의한다. 다네시는 정당한 수를 이용해서 참가자가 서로 돕는 것을 막는 규정은 없다는 사실을 지적한다. 아베니는 그런 행동이 말도 안 된다고 생각한다. 다네시가 이길 수는 있어도, 비잔은 꼴찌를 하게 된다. 비잔이 얻은 이익이 무엇이란 말인가?

비잔은 이타적인 수를 둠으로써 형제 중 한 명은 반드시 이길 수 있다고 말한다. 따라서 어떻게 되든 간에 가족은 이긴다는 것이다. 쳉은 이 게임에 단체나 집단의 승리에 주는 상은 없다고 반박한다. 오로지 개인만이 승자가 될 수 있다고 한다. 다네시는 형제가 번갈아 상대를 돕겠다고 한다. 그러면 한 번씩 돌아가면서 이길 것이며, 아베니와 쳉은 패배하게 된다.

아베니는 형제가 어떻게 서로 도와줄 것이라고 믿을 수 있는지 궁금해한다. 비잔이 다네시의 도움을 받아 한 라운드를 이긴 뒤 다음 라운드에서 다네시를 배신하고 또 자신이 승리를 가져갈 수도 있다. 다네시는 형제이기 때문에 배신하지 않을 것이라고 설명한다. 특히 서로 도움을 주고받는 일이 계속되기를 원한다면.

우리는 가족이다

아베니와 쳉은 생명체가 자연 선택에 따라 진화라는 게임을 하는 방법에 관한 고전적인 다윈주의 견해를 나타내고 있다. 각 개체는 자신의 이익에 따라 행동한다. 다른 개체의 이익은 곧 자신의 불이익을 뜻한다. 따라서 다른 개체를 돕는 행위, 특히 자신의 자원을 소모하며 돕는 행위는 패배로 가는 전략이다. 진화가 이런 방식으로 작동한다고 생각했기 때문에 어린 메이플 나무가 공기를 통해 페로몬을 전달하며 초식동물의 공격을 경고하고, 이 경고를 받은 다른 나무는 방어 체계를 활성화한다는 잭슐츠와 이안 볼드윈의 1983년 연구와 같은 식물 의사소통에 관한 초기 연구는 부정당했다. 회의론자들은 경쟁자를 돕는 데 에너지를 쓰는 행위는 진화론적으로 말이 되지 않는다고 주장했다. 그러나 이제는 식물이 친족과 선택적으로 의사소통한다는 증거가 발견됐다. 진화학자들은 이를 혈연 선택이라고 부르며, 비잔과 다네시의 전략이 실제로 먹히고 있음을 시사한다.

곰팡이 인터넷

공기에 화학 물질을 내뿜어 신호를 보낼 뿐만 아니라 나무가 뿌리를 서로 이어 주는 광범위한 균류의 실(균사) 네트워크를 통해 의사소통한다는 강력한 증거가 있다. 이를 곰팡이 인터넷이라고 부르기도 한다. 나무는 이 네트워크를 통해 서로 신호를 주고받으며, 영양분을 보내 줄 수도 있다. 이런 방식으로 나이 든 나무가 어린 나무를 돕거나 부모가 자손을 도울 수 있다.

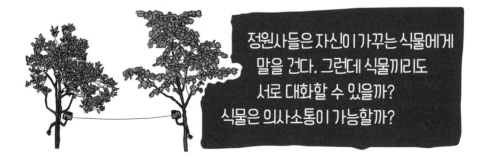

정원사들은 자신이 가꾸는 식물에게 말을 건다. 그런데 식물끼리도 서로 대화할 수 있을까? 식물은 의사소통이 가능할까?

099 걷기 선수 거미

"경보! 경보! 거미 군단의 공격이다!" 그림홀드 성의 성벽 위로 고함이 울려 퍼졌다. 용감한 남부의 인간들은 공격에 맞서 싸울 채비를 갖췄다. 육중한 갑옷을 두르고 열 개가 넘는 뾰족한 발로 재빨리 움직이는 거미 군단은 악몽 같은 적이었다.

트루하트 남작은 병사를 불러 모았다. "두려워 마라. 우리의 적은 위대한 성벽을 넘을 수 없다. 이 성벽은 1,000세대가 넘는 세월 동안 한 번도 적의 침입을 허락한 적이 없다." 거미 군단은 성벽 아래에 도착해 잠시 걸음을 멈췄다. "보라. 난공불락의 성벽 앞에서 무력한 모습을. 연금술사들이 성벽에 끈끈이 타르를 발라 두었다. 성벽을 오르려고 시도하는 괴물은 무엇이든 꿀 위의 개미처럼 달라붙어 버릴 것이다." 그런데 말이 채 끝나기도 전에 거미 군단이 역겨운 기름 같은 액체를 서로 뿌려 주기 시작했다. 더러운 액체로 뒤범벅된 거미 군단에서 성벽을 오르기 시작했다.

"비누. 비누를 가져와라." 트루하트 남작이 외쳤다. "세탁소와 목욕탕을 뒤져라. 성내의 주부와 도우미 아이들을 모두 데려와라. 비누가 있어야 한다." 많은 양의 액체 비누가 도착하자 남작은 벽 아래로 비누를 쏟아부었다. 비누는 거미 군단의 발이 닿았던 곳에 묻은 기름기를 모두 씻어 버렸다. 괴물들이 끈끈이 타르에 붙잡혀 버렸지

전체 거미 종의 4분의 1은 왕거미류로, 이들은 우리가 흔히 생각하는 거미줄을 만들고 거미줄 일부를 끈끈한 물질로 덮어 놓는다. 거미가 거미줄에 걸리지 않는 이유는 무엇일까?

만, 대부분은 문제없이 성벽을 기어 올라왔다. "후퇴하라." 남작은 병사들을 내성으로 후퇴시켰다.

"기죽지 마라, 제군들." 남작은 병사들을 진정시켰다. "내성의 벽은 더 난공불락이다. 칼날이 박혀 있는 철사로 빽빽하게 덮여 있지. 어떤 괴물도 올라올 수 없다!" 그런데 이번에도 거미 군단에서는 남작의 호언장담을 비웃기라도 하듯 조심스럽게 발을 디뎌 가며 재빨리 성벽을 기어올랐다. "철사 사이로 발을 디디는 것 좀 봐." 경비병한 명이 말하자 다른 한 경비병이 외쳤다. "저걸 봐. 발끝에 있는 집게를 이용해서 철사가 몸의 약한 부분에 닿지 않게 하고 있어." 트루하트 남작은 자신의 강력한 칼을 뽑았다. "놈들의 신체 구조에 감탄할 시간이 없다. 돌격하라!"

거미의 다리를 씻으면

트루하트 남작은 잘 만든 다리는 끈끈함을 이길 수 있다는 사실을 깨닫는다. 거미 군단은 자신의 거미줄에 걸리지 않기 위해 여러 가지 방법을 사용하는 거미에게서 뭔가 배운 게 분명하다. 그중 하나는 1905년에 밝혀졌다. 프랑스 곤충학자 장-앙리 파브르(1823~1915)는 왕거미가 유성 물질을 발라 끈적한 물질로 덮어 놓은 거미줄에 달라붙지 않는다는 가설을 세웠다. 파브르는 이 가설을 시험하기 위해 거미의 다리를 용매로 닦은 결과 전보다 훨씬 더 거미줄에 잘 걸린다고 주장했다. 2011년 스위스 베른의 자연사 박물관 연구 팀은 통제된 환경에서 파브르의 실험을 재현했고, 용매로 닦은 거미 다리가 실제로 자신이 만든 거미줄에 달라붙는다는 사실을 알아냈다.

멋진 발놀림

거미의 발은 작은 털로 덮여 있어서 거미줄과 닿는 면적을 최소화한다. 또, 발에 거미줄을 붙잡는 가시 같은 구조가 있어 발의 나머지 부분은 거미줄에서 떨어져 있게 된다.

100 동물 올림픽의 최후 승자는?

동물 올림픽을 열면 이색적인 승자들이 나온다. 고양잇과 동물이 경주를 하면 치타가 아니라 애완 고양이가 승리한다. 육상 동물 결승전에 진출한 이 작은 애완동물은 길앞잡이에게 네 바퀴나 뒤처진다.

척추동물 스카이다이빙 경기에서는 예선 1위였던 송골매가 3위로 처진다. 2위는 제비이고, 확고한 1위는 안나벌새이다. 사실 본선 경기는 카메라도 따라가기 힘들었다. 촬영 기사 한 명은 제트 엔진 재연소 장치를 켠 제트기에 타고 있었고, 다른 한 명은 대기권에 재진입하는 우주 왕복선에 타고 있었지만, 둘 다 안나벌새에 뒤졌다.

그러나 대망의 결승에서는 안나벌새도 동물 올림픽 챔피언 중의 챔피언인 요각류에게 밀린다. 요각류는 바다를 떠다니는 새우 같은 작은 동물이다. 아마도 지구에 가장 풍부한 다세포 동물일 것이다. 요각류는 가장 빠르고, 가장 강하기도 하다.

동물 올림픽의 마지막 이벤트는 인간과 요각류의 경주이다. 결과는 인간에게 모욕적일 정도이다. 인간이 한 바퀴를 도는 동안 요각류는 296바퀴를 돈다.

벼룩의 크기가 사람 정도였다면 얼마나 높이 뛸 수 있을까?

동물 올림픽을 공평하게 만들려면

이 결과는 가능한 한 공정한 방식으로 능력에 제한을 두어서 얻은 결과이다. 물론 앞서 등장한 동물들은 몸집 차이가 수백, 수천 배까지 난다. 그러면 치타와 요각류의 속도를 어떻게 비교할 수 있을까? 몸길이에 대한 속도를 보여 주기 위해 각 동물이 1초에 자기 몸길이의 몇 배를 움직일 수 있는지로 순위를 매겼다. 예를 들어, 인간 달리기 선수는 초속 11m까지 낼 수 있다. 키가 1.8m라고 가정하고 환산하면, 초속 6 몸길이다. 요각류는 몸길이가 약 1mm다. 하지만 초속 1.78m로 움직일 수 있으므로 환산하면 약 초속 1,780 몸길이가 된다.

뜻밖의 챔피언

초당 움직이는 몸길이로 줄을 세우면 예상치 못한 결과가 나온다. 가장 빠른 육상 동물인 치타는 시속 113km까지 낼 수 있지만, 몸길이로 환산하면 치타(초속 25 몸길이)는 애완 고양이(초속 29 몸길이)보다 처진다. 이 둘보다 빠른 게 길앞잡이이다. 시속 1.9km로, 약 초속 125 몸길이로 움직인다. 먹이로 돌진할 때 가장 빠른 척추동물인 송골매는 초속 200 몸길이로 움직이지만, 제비는 초속 350 몸길이, 안나벌새는 초속 385 몸길이로 급강하할 수 있어 제트 엔진 재연소 장치를 켠 제트기(초속 150 몸길이)와 재진입 시의 우주 왕복선(초속 207 몸길이)보다 빠르다.

높이뛰기

고양이벼룩은 20cm까지 뛰어오를 수 있다. 고양이 벼룩의 몸길이는 3mm가 채 안 되므로 몸길이의 160배를 뛰어오르는 셈이다. 만약 벼룩이 사람만큼 커진다면, 그리고 크기와 관련한 제곱—세제곱 법칙을 무시한다고 가정하면, 한 번에 290m를 뛰어오르는 셈이다.

101 뼈까지 젖어 버린 물고기

스펀지걸의 흉악한 적들이 모여 아주 극악무도한 함정을 만들었다. 스펀지걸의 초능력인 청소 능력을 역으로 이용한 것이다. 사악한 악당들은 어떻게 해서인지 스펀지의 몸 조직을 복제한 뒤 더러운 기술을 이용해 그 조직으로 터널을 만들었다. 악당의 소굴로 가서 사악한 계획을 막기 위해서는 터널을 통과해야 한다.

첫 번째 터널은 스펀지걸의 몸과 똑같은 스펀지로 돼 있다. 하지만 뼛조각처럼 바싹 말라 있었다. 좁은 공간으로 비집고 들어가자 스펀지걸의 부드럽고 물렁물렁한 몸이 바싹 마른 스펀지에 짓눌리면서 귀중한 체액이 새어 나가 주변의 마른 스펀지로 흘러 들어간다. 스펀지걸이 체액 농도를 유지해서 말라 죽지 않을 수 있는 유일한 방법은 주위의 스펀지를 가능한 한 많이 삼키는 것뿐이다. 스펀지걸은 몸 안에서 스펀지에 들어 있는 아주 작은 수분도 흡수할 수 있지만, 당황스럽게도 먹어야 했던 상당한 양의 스펀지를 배설물로 배출해야 한다.

마침내 스펀지걸은 다음 터널에 도착한다. 이 터널 역시 스펀지로 이루어져 있지만, 이번에는 완전히 젖어 있다. 젖은 터널 안으로 비집고 들어가자 스펀지걸의 몸이 엄청난 속도로 물을 빨아들인다. 이번에는 주위에 있는 스펀지를 먹지 않아도 되지

물고기의 주관적인 경험이 어떨지는 모른다고 쳐도 이런 질문을 할 수는 있다. 생리학적으로 볼 때 "물고기도 목이 마를까?"

만, 어쩔 수 없이 오줌을 많이 누어야 한다는 사실에 당황한다. 악당의 소굴에 도착한 스펀지걸은 기분이 상당히 나쁘다. "더러운 먼지를 닦을 시간이다!" 스펀지 걸이 악당에게 경고한다.

삼투압의 활동

스펀지걸은 서로 다른 환경에 있는 물고기에 관한 비유이다. 첫 번째 터널은 바닷물에 관한 비유이다. 실제로는 건조하지 않지만, 바닷물은 경골어류의 체액보다 염분 농도가 더 높다. 그러면 삼투압이 생겨 물고기의 몸에서 물이 빠져나가 탈수를 일으킨다. 스펀지걸이 바싹 마른 스펀지에 물을 빼앗기는 것과 같다. 잃어버린 물을 되찾기 위해 스펀지걸이 주변의 스펀지를 먹어야 했던 것처럼, 바닷물고기는 바닷물을 마신다. 이런 의미로 볼 때 목이 마르다고 할 수 있다. 스펀지걸이 스펀지를 배설하듯이 바닷물고기는 소금을 배설해야 한다.

두 번째 터널

민물고기는 두 번째 터널에 있는 스펀지걸과 비슷하다. 물고기의 체액은 주변의 물보다 염분 농도가 훨씬 높다. 그래서 삼투압의 차이에 따라 물고기의 몸은 물을 흡수한다. 민물고기는 물을 마실 필요가 없다. 따라서 목이 마르지 않다고 할 수 있다. 하지만 스펀지걸처럼 오줌을 많이 배출해야 한다.

완전무결한 상어

상어를 비롯한 다른 연골어류는 대부분 바다에서 살지만, 목이 마르지 않다. 이들은 다른 척추동물이 대부분 배출하는 요소나 트리메틸아민옥시드 같은 유기 분자를 몸 안에 보존한다. 그러면 체액의 농도가 높아져서 바닷물과 삼투압 차이가 생기지 않고, 물을 빼앗기지 않는다.

219

뻔하지만 뻔하지 않은 과학 지식 101

1판 2쇄 발행 2021년 4월 20일

글쓴이	조엘 레비
옮긴이	고호관
펴낸이	이경민

펴낸곳	㈜동아엠앤비
출판등록	2014년 3월 28일(제25100-2014-000025호)
주소	(03737) 서울특별시 서대문구 충정로 35-17 인촌빌딩 1층
전화	(편집) 02-392-6903 (마케팅) 02-392-6900
팩스	02-392-6902
전자우편	damnb0401@naver.com
SNS	❋ ⦿ ᵇˡᵒᵍ

ISBN 979-11-6363-104-0 (03400)

※ 책 가격은 뒤표지에 있습니다.
※ 잘못된 책은 구입한 곳에서 바꿔 드립니다.